NCS에 맞춘

한국 음식문화와 조리

머 리 말

최근 요리 분야는 점점 세분화 되어 한식, 양식, 일식, 중식 조리사를 비롯해 푸드코디네이터, 셰프테이너라는 새로운 직업군도 생겨나고 있다. 그야말로 음식문화의 황금시대가 아닌가 하는 생각이 든다. 이러한 시기에 요리를 처음 접하는 젊은 요리학도들은 더욱 음식에 대한 올바른 철학을 가지고 시작해야 할 것 같다는 생각이 든다. 특히, 우리나라 사람이라면 한식에 대한 기초지식이 충분한 상태에서 외국요리, 퓨전요리, 창작요리를 접해야 앞으로도 발전해 나갈 수 있다.

한식은 과거부터 현재까지 이어지고 있는 우리의 고유한 식문화이다.

최근 한식은 한(韓)스타일이라는 문화현상의 중심에서 세계인들의 많은 관심과 사랑을 받고 있다. 한식은 전통의 형식을 잘 지켜나가되 식재료, 만드는 법, 그릇 담는 법 등 달라지고 있는 시대에 발맞추어 적당한 변화를 주는 것이 긍정적이라고 할 수 있겠다.

이 책은 요리를 전공하는 이들에게 한국음식문화와 조리의 기본을 충실히 익힐 수 있는 교본이 되고자 노력하였다. 각 단원은 산업현장에서 직무를 성공적으로 수행하기 위해 필요한 지식, 기술, 태도를 토대로 한식조리능력을 표준화한 국가직무능력표준(national competency standards, NCS)에 의거하여 구성하였다.

한식의 체계적인 발전을 위해 좋은 책으로 만들기 위해 많은 관심을 가져주신 도서출판 효일 김홍용 사장님께 깊이 감사드린다.

2016년 7월

저자 박연진

차례

한식조리 기초

한국의 식생활 문화

PART 3 한식조리 실기

차례

PART 1

한식조리 기초

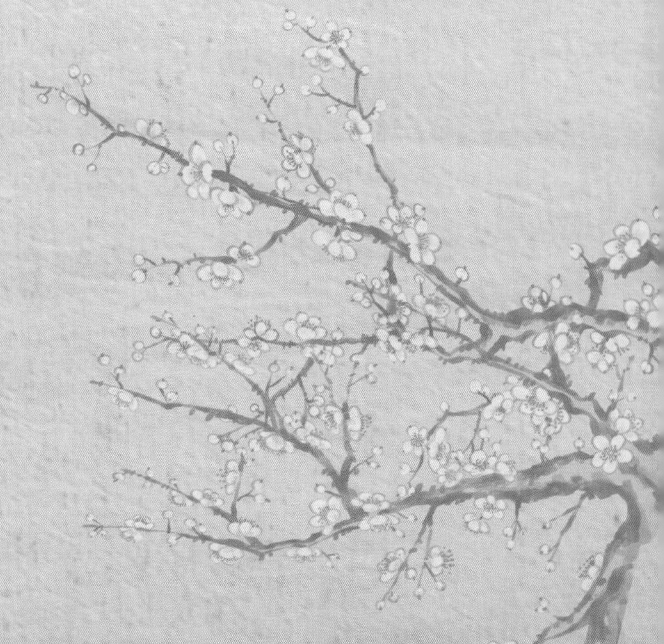

제1장

기초 기술

1. 계량

(1) 계량용 도구

1) 계량스푼

양념 등의 부피를 측정하는 도구이다. 단위의 표현은 큰술(Table spoon, Ts), 작은술(tea spoon, ts) 두 종류가 있다.

2) 계량컵

재료의 부피를 측정하는 도구이다. 우리나라, 일본은 1컵의 단위가 200mL이다. 서양에서는 1컵의 단위가 236.6mL이며 쿼트를 기준으로 정해져 있고 표준용기 1컵은 1/4쿼트 8플루이드 온스(Fluid onces) 16Ts 이다.

3) 저울

무게 측정용 도구이다. 단위는 g, kg이며 저울 사용 시 바닥이 평평한 곳에 수평이 되게 놓고 바늘을 '0' 에 고정 시킨 후 측정한다.

4) 온도계

조리 온도 측정용 도구이다. 조리용 온도계는 비접촉식으로 표면 온도를 잴 수 있는 적외선 온도계와 기름과 같은 액체용 온도계는 200~300℃까지 측정 가능한 봉상 액체 온도계, 육류는 육류의 내부 온도를 측정할 수 있는 탐침 가능한 육류용 온도계를 사용한다.

5) 타이머

조리 시 시간을 측정할 때 사용한다.

디지털저울

디지털타이머

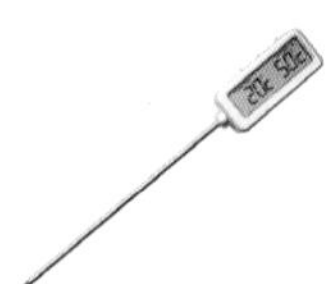
탐침 온도계

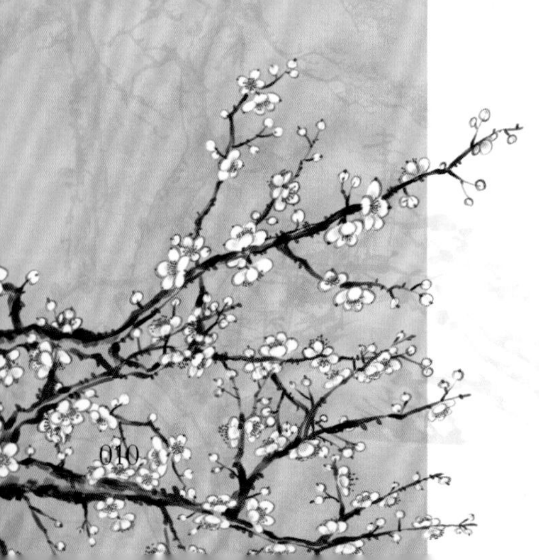

계량컵

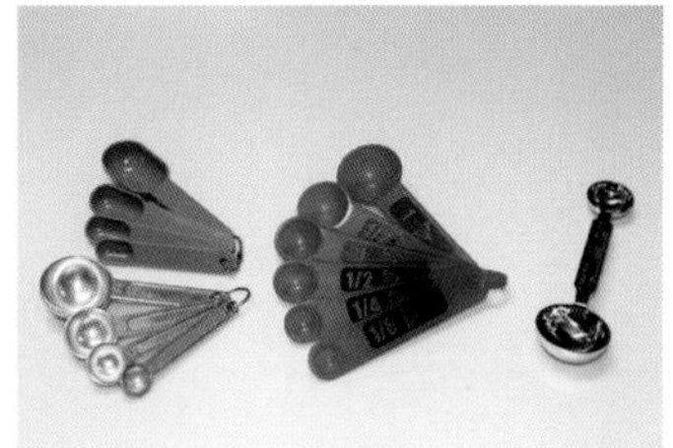
계량스푼

[그림 1] 계량을 위해 필요한 도구

(2) 재료 계량방법

1) 가루 식품

덩어리가 있을 때는 고운 가루 상태로 부수어 덩어리지지 않은 상태에서 꾹꾹 누르지 않고 수북이 담은 후 고르게 밀어 표면을 평면이 되도록 깎아 계량한다.

2) 액체 식품

간장·액젓·기름·물·식초 등은 투명한 용기를 사용하며 표면장력이 있기 때문에 계량컵 또는 계량스푼에 가득 채워 계량한다. 정확성을 높이기 위해서는 계량컵의 눈금과 액체의 메니스커스(meniscus)의 아랫선이 동일하게 맞도록 읽어야 한다.

3) 고체 식품

다진 고기 등은 계량컵 또는 계량스푼에 빈 곳이 없도록 가득 채워서 표면을 평면이 되도록 깎아서 계량한다.

4) 알갱이 식품

쌀·깨·팥·통후추 등은 계량컵 또는 계량스푼에 빈 곳이 없도록 가득 채워서 살짝 흔들어 표면을 평면이 되도록 깎아서 계량한다.

5) 농도가 있는 양념

고추장 등은 계량컵 또는 계량스푼에 꾹꾹 눌러 빈 곳이 없도록 가득 채워서 표면을 평면이 되도록 깎아서 계량한다.

(3) 계량 단위

- 1컵 = 1Cup = 1C = 13큰술+1작은술 = 물 200mL = 물 200g
- 1큰술 = 1Table spoon = 1Ts = 1T = 3작은술 = 물 15mL = 물 15g
- 1작은술 = 1tea spoon = 1ts = 1t = 물 5mL = 물 5g

2. 불 조절

불 조절은 조리과정에서 음식의 완성도를 좌우하는 중요한 역할을 차지한다. 재료가 잘 준비 되었더라도 조리 과정 중 불 조절이 잘못되면 밥, 생선 등이 타거나 덜 익게 되며 갈비찜이 익지 않는 등 음식이 실패하게 된다. 각 식재료와 조리법에 따라서 음식의 맛을 최상으로 만들어주는 불 조절이 필요하다.

(1) 가스의 불 세기에 따른 모양과 특징

구분 분류	강한 불	중간 불	약한 불
불모양			
특징	- 가스레인지 레버를 전부 열어 놓은 상태 - 불꽃이 냄비 바닥 전체에 닿는 정도 - 볶음·구이·찜 등 요리의 재료를 익힐 때, 국물 음식을 팔팔 끓일 때 불의 세기 - 빠른 조리를 원할 때	- 가스레인지 레버가 꺼짐과 열림의 중간에 위치한 상태 - 불꽃의 끝과 냄비 바닥 사이의 약간의 틈이 있는 정도 - 국물 요리에서 한 번 끓어오른 후 부글부글 끓는 상태를 유지할 때 불의 세기 - 작은 냄비에 밥을 할 때	- 가스레인지 레버를 꺼지지 않을 정도까지 최소한으로 줄인 상태 - 오랫동안 지글지글 끓이는 조림 요리나 뭉근히 끓이는 국물요리 - 중간 불보다 절반 이상 약한 불의 세기 - 지단 부칠 때, 전 부칠 때, 온도 유지할 때, 밥 뜸 들일 때

(2) 가스의 불 세기에 따른 물 끓이는 시간

열원종류	물량	500g	1kg	2kg	비고
가스 레인지	강한 불	3분	5분	9분	*25℃ 물 기준 *20㎝ 냄비 사용
	중간 불	6분	10분	15분	
	약한 불	30분	45분	60분	

3. 썰기

(1) 둥글썰기(통썰기)

당근 · 오이 · 호박 · 연근 등의 채소를 통째로 두고 원하는 두께로 써는 방법이다. 재료와 조리 용도에 따라 두께를 조절하며 조림 · 국 · 절임 등에 주로 이용한다.

(2) 반달썰기

당근 · 무 · 호박 · 감자 등을 길이로 반으로 나눈 후 원하는 두께의 반달 모양으로 써는 방법이다.

(3) 은행잎썰기

당근 · 무 · 감자 등의 재료를 길이로 십자 모양으로 4등분하여 원하는 두께의 은행잎 모양으로 써는 방법이다. 조림이나 찌개 등에 이용된다.

(4) 얄팍썰기

재료를 원하는 길이로 자른 후 얄팍하게 썰거나 원하는 두께로 고르게 얇게 써는 방법이다. 주로 볶음이나 무침 등에 이용된다.

(5) 어슷썰기

당근 · 오이 · 파 등 길고 두께가 가는 재료를 칼을 옆으로 비껴 적당한 두께로 어슷하게 써는 방법으로 주로 찌개 · 볶음 등에 이용된다.

(6) 골패썰기

당근 · 무 등의 둥근 재료를 원하는 길이로 토막 낸 후 가장자리를 잘라 직사각형으로 납작납작하게 써는 방법이다.

(7) 나박썰기

당근 · 무 등의 둥근 재료를 원하는 길이로 토막 내어 가장자리를 잘라 가로 · 세로가 비슷한 사각형으로 반듯하고 얇게 써는 방법이다.

(8) 깍둑썰기

무 · 감자 등을 가로 · 세로 · 두께 모두 2cm 정도의 같은 크기로 주사위처럼 써는 방법이다. 주로 깍두기 · 찌개 · 조림 등에 이용된다.

(9) 채썰기

무·감자·오이·호박 등을 얄팍썰기 하여 이를 비스듬히 포개어 놓고 손으로 살짝 누르면서 가늘게 채 써는 방법이다. 주로 생채·구절판·무채 등에 이용된다.

(10) 다져썰기

채썰기한 재료를 가지런히 모아 잘게 써는 방법이다. 주로 파·마늘 등을 다져서 양념을 만드는데 이용되며, 크기는 일정한 것이 좋다.

(11) 막대썰기

무·오이 등의 재료를 원하는 길이로 토막 낸 다음, 적당한 굵기의 막대 모양으로 써는 방법으로 산적이나 숙장과를 만들 때 사용한다.

(12) 마구썰기

오이·당근 등 비교적 가늘고 긴 재료를 한손으로 빙빙 돌려가며 한입 크기로 작고 각지게 써는 방법이다. 주로 채소의 조림에 이용된다.

(13) 깎아썰기

우엉 등의 재료를 연필 깎듯이 돌려 가면서 얇게 써는데, 칼날의 끝 부분을 이용한다.

(14) 돌려 깎기

오이 등을 길이 5cm 정도로 토막을 낸 뒤 껍질을 깎듯이 얄팍하게 돌려 가며 깎는다.

(15) 토막썰기

기본썰기 일종으로 크게 덩어리로 잘라내는 것과 파, 미나리와 같이 가는 줄기를 여러 개 모아 적당한 길이로 써는 것을 말한다.

(16) 밤톨썰기

조직이 단단한 채소를 밤톨크기로 잘라 모서리 부분을 정리하는 방법이다. 찜, 조림 등의 조리과정에서 생기는 마모되는 부분이 없어 국물이 깨끗해진다.

(17) 솔방울 썰기

오징어를 볶거나 데쳐서 회로 낼 때 큼직하게 모양내어 써는 방법이다. 반드시 오징어의 안쪽에 사선으로 칼집을 넣고 다시 엇갈려 비스듬히 칼집을 넣은 다음 끓는 물에 살짝 데쳐서 모양을 낸다.

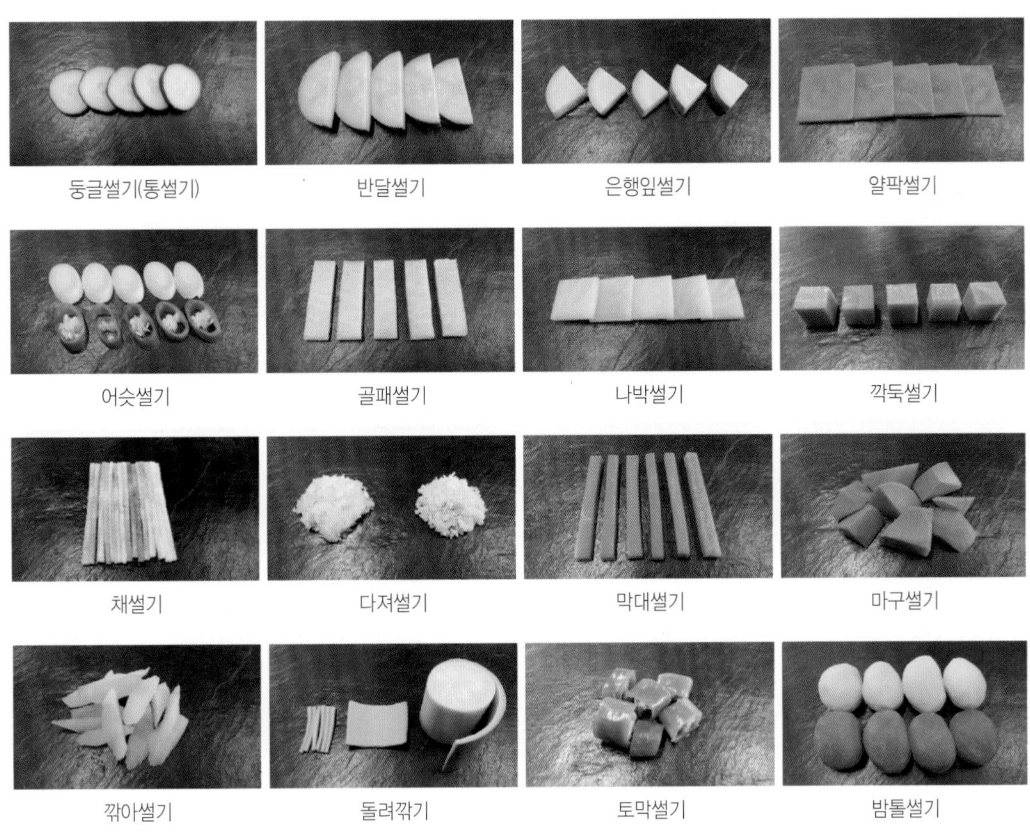

[그림 2] 썰기의 실제

4. 한식 그릇담기

(1) 그릇담기

한식은 그릇에 음식을 담는 방법이 다양하며 음식의 특성과 모양, 온도, 색, 가격, 상차림 등에 따라 그릇담기 방법과 그릇의 선택이 달라져야한다. 한식 조리는 채썰기, 다지기로 재료를 준비하여 조리하는 특징을 지닌다. 한식용 접시의 모양은 요리의 평면성을 고려한 디자인이 대부분이다. 그릇의 색상과 문양은 단순함, 소박함이 주요한 느낌을 주고 있다. 한식은 요리의 형태와 색채를 중요하게 여기기 때문에 음식의 중앙 부분이 봉긋 올라오도록 담는다. 그릇의 종류로는 옹기, 유기, 도자, 백자, 청자 등을 사용하며 계절과 식기에 따라 요리를 담고 고명을 올려서 연출하는 것이 한식 그릇담기의 기본이다.

한식은 계절과 절기, 반상의 종류에 따라 요리를 제공하는 식자재를 이용하여 연출하고 표현한다. 오방색을 기본으로 한 고명을 장식과 양념으로 사용한다. 적색, 녹색, 황색, 백색, 흑색의 다섯 가지 색상으로 분류할 수 있기 때문에 오색고명이라 부르며 적색은 식욕을 가장 자극하는 색으로 알려져 있다.

1) 그릇담기 할 때 고려할 점

① 음식의 온도

② 국물의 유무와 국물의 양

③ 음식과 그릇색의 조화

④ 음식과 그릇형태의 조화

⑤ 상차림에 따른 음식과의 조화 및 음식의 가짓수

⑥ 식사자의 나이

⑦ 식사하시는 고객의 취향

(2) 음식담기

① 한식은 소복이 담는 것이 좋다.

② 접시 내부의 테두리를 벗어나지 않도록 담는다.

③ 음식의 모양이 예쁘지 않은 것은 밑으로, 예쁜 것은 위로 오게 담는다.

④ 국물이 있는 것은 오목한 그릇에, 국물이 없는 것은 넓은 접시에 담는다.

⑤ 고명은 제일 마지막에 올린다.

⑥ 찬 음식을 먼저 담고 국물이 있는 음식은 나가기 직전에 담는다.

(3) 담는 방법의 종류

높이	올리는 방법	모양	줄 수	가짓수
소복이 담기	모아 담기	돌려(원형) 담기	한 줄 담기	한 가지 담기
평평히 담기	겹쳐 담기	나란히 담기	두 줄 담기	두 가지 담기
낱개 담기	펼쳐 담기	삼각, 사각 담기	세 줄 담기	세 가지 담기
–	고여 담기	일자 담기	네 줄 담기	네 가지 담기
–	–	부채꼴 담기	여러 줄 담기	여러 가지 담기

(4) 담는 방법 실제

소복이 모아 담기

한 줄 담기

평평히 펼쳐 담기
(사각 세 줄 담기)

한가지 담기

평평히 겹쳐 담기
(사각 두 줄 담기)

세가지 담기

평평히 펼쳐 담기
(돌려 담기)

돌려(원형)담기

소복이 고여담기

PART 2

한국의 식생활 문화

제1장

한국음식의 특징과 역사

1. 한국의 식생활 문화 형성 배경

(1) 지리적 환경

우리나라는 남북으로 950km에 걸쳐 길게 뻗어 있으며 전체 면적은 약 220,000km^{2}인 반도국가로, 온대지역에 위치하고 있다. 서쪽은 중국과 황해를 사이에 두고 북쪽은 압록강, 두만강으로 중국대륙과 경계를 이루어 교류가 활발하였고, 남쪽으로는 대마도를 건너 일본과 접하고 있다. 따라서 동서남북의 지리적인 요인과 기후 조건에 지역적인 차이가 있고, 일 년 사계절의 구분이 뚜렷하다. 이로 인해 지역별, 계절별 산물이 각각 특색을 가지고 다양하게 생산되었고, 식생활 문화 형성에 큰 영향을 주었다. 따라서 이러한 특성을 살린 음식들이 고루 잘 발달되어 왔다. 또한 각 영토의 경계가 역사적인 시대 변천에 따라 달라졌고 왕조에 따라 지역적으로 다르게 나누어져 각 고장마다 문화와 사람들의 성품도 뚜렷하게 다르다.

1) 지형의 특징

① 백두대간을 중심축으로 경사가 낮은 서쪽 평야지대와 급경사의 동쪽 산맥으로 이루어짐

② 서쪽의 평야지대는 하천을 따라 발달하여 농사에 적합한 지역으로 풍부한 농산물 생산

③ 내륙으로 뻗어 있는 강과 한반도의 삼면이 바다로 둘러싸여 서, 남, 동해안의 갯벌, 바다 및 섬으로부터 어류와 패류, 해조류 등 수산물이 풍부

2) 기후와 토양

① 한반도는 남북으로 뻗어 있어 한대에서 아열대 기후대에 퍼져 있음

② 사계절이 뚜렷하고 계절에 따른 기후가 뚜렷하게 구분되어 있음

③ 지역에 따라 다른 토양으로 그 특성을 생활양식에 이용하고 있으며 식품이나 음식과 매우 밀접한 관계를 맺고 있음

3) 지리적 특징

① 한반도는 유럽과 아시아를 연결하는 대륙의 끝자락에 위치하고 있어, 유럽이나 인도, 중국 등의 문물이 일본과 태평양을 건너 아메리카로 가는 경로로 사용

② 아메리카나 태평양 섬나라 및 오세아니아 등지의 문물이 중국대륙이나 유럽으로 이동하는 경로로 사용

③ 실크 로드(Silk road)와 스파이스 로드(Spice road) 등으로 대륙과 해양문화의 문물교류에 교량 역할

④ 세계의 다양한 식생활문화를 접하는데 용이

⑤ 농사짓는 법, 식품 유입, 도구나 식기의 활용 등 풍성한 문화를 접하게 됨

(2) 사회적 환경

① 역사적인 사건으로 정치, 사회, 문화적 요인들이 변화되면서 순응적인 현상으로 음식문화가 변화되어 옴

② 관습과 종교적인 영향

③ 주변국가의 영향이나 글로벌 또는 국가 경제상황의 변화

④ 사회적 변화(산업화, 교육, 세계적 마인드, 역할의 변화)로 인한 여성의 가정과 사회에서의 역할 변화

⑤ 다문화 사회로 진입하면서 사회 현상이 변모되어 감

(3) 음양오행 사상

1) 음양오행설

① 음양은 땅위의 모든 것인 음과 하늘에 대한 것인 양으로 이루어진 우주로 음과 양이 상호조화를 이룸

② 오행은 우주를 이루는 다섯 가지 물질인 목(木), 화(火), 토(土), 금(金), 수(水)가 서로 어울려 만물이 이루어져 상생과 상극 관계를 나타냄

오행(五行)	木(나무 목)	火(불 화)	土(흙 토)	金(쇠 금)	水(물 수)
오장(五臟)	肝(간 간)	心(마음 심)	脾(지라 비)	肺(허파 폐)	腎(콩팥 신)
오시(五時)	春(봄 춘)	夏(여름 하)	土用(토용)	秋(가을 추)	冬(겨울 동)
오취(五臭)	臊(누릴 조)	焦(탈 초)	香(향기 향)	腥(비릴 성)	腐(썩을 부)
오미(五味)	酸(실 산)	苦(쓸 고)	甘(단 감)	辛(매울 신)	鹹(짤 함)

오색(五色)	靑(푸를 청)	赤(붉을 적)	黃(누를 황)	白(흰 백)	黑(검을 흑)
오곡(五穀)	麥(보리 맥)	黍 (기장, 수수 서)	稷(피 직)	稻(벼 도)	豆(콩 두)
오과(五果)	李(오얏 이)	杏(은행 행)	棗(대추 조)	桃(복숭아 도)	栗(밤 율)
오채(五菜)	韮(부추 구)	薤(염교 해)	葵 (해바라기 규, 아욱)	葱(파 총)	藿(콩잎 곽)
오축(五蓄)	鷄(닭 계)	羊(양 양)	牛(소 우)	馬, 犬(말, 개)	豚(돼지 돈)

[표 1] 음양오행 사상에 근거한 한국음식의 사상적 분류

2. 한국 음식문화의 특징

1) 곡물음식의 중요성

① 신석기시대부터 잡곡농사가 시작되었고 그 후 쌀, 보리, 잡곡 등을 재배
② 쌀이 주식으로 사용되면서 밥, 죽, 국수, 떡 등 다양한 곡물음식 이용
③ 쌀, 찹쌀, 잡곡류의 이용과 도구와 불이 사용되면서 다양한 형태의 조리법이 발달
④ 주식인 밥과 의례 및 명절음식, 절식으로 떡, 한과, 술 등을 사용

2) 주식과 부식의 구분이 명확하게 구분

① 일상적으로 한상에 주식과 부식을 차림

3) 식재료가 다양하여 음식의 종류와 조리법이 다양하고 음식의 맛과 멋이 다채로움

① 농산물, 수산물, 산나물 등의 임산물, 천일염, 갯벌에서 나는 어패류, 해조류 등 지역에 따라 얻어진 식재료를 지역 환경에 맞게 활용하는 지혜가 전통 및 향토음식을 발달시킴
② 전통적으로 사용하였던 식재료 외에 시대를 거쳐 새롭게 유입된 농산물들이 환경에 맞는 지역에 재배되면서 새로운 특산자원으로 개발되었음

4) 저장·발효식품이 발달

① 사계절이 뚜렷하여 가을철에 수확한 농산물을 지속적으로 보관하거나 저장해야 하기 때문에 저장 음식이 발달
② 소금이 많이 나는 해안가 지역에서는 해산물을 소금에 절이는 염장방법으로 저장하여 젓갈이 발달

③ 콩 문화권에 속하는 우리나라는 콩을 발효시켜 만든 장류가 발달
④ 수확한 채소를 저장하는 방법으로 채소를 소금이나 술지게미, 장류에 넣어 절이거나 발효시킨 음식도 발달

5) 음양오행(陰陽五行)과 약식동원(藥食同源)의 기본 정신

① 음양오행 사상에 입각하여 음식에 오색 재료나 고명을 사용하며, 음식이 곧 약이라는 사상이 깃들어 있음

6) 국물음식 문화가 발달

① 수저를 사용하는 문화로 동양에서도 독특한 음식문화를 보유하고 있으며 중국이나 일본의 젓가락 문화권과는 차이를 보임
② 국물음식을 담은 그릇은 밥상에 놓고 숟가락으로 떠먹는 식사예절과 함께 국물을 이용한 음식인 국, 탕, 찌개, 전골 등이 발달

7) 손맛과 양념 문화가 발달

① 한식은 재료 자체의 맛보다는 조리과정에서 사용되는 양념이 맛에 영향을 줌
② 장류와 젓갈류의 사용, 고춧가루나 마늘과 파 등의 채소, 참깨나 들깨, 기름 등을 함께 사용
③ 조리하는 사람의 손맛과 정성이 나타나는 것이 우리 음식의 특징
④ 조리법이나 부재료로 첨가하는 재료들이 발달하여 복잡하고 오묘한 맛을 나타냄

8) 통과의례(通過儀禮)음식과 상차림에 따른 식사 예법이 발달

① 유교 사상의 영향을 많이 받아 돌·혼례·상례·제례 등과 같은 통과의례 상차림이 발달
② 상차림법의 식단 구성이 주식, 시간, 식사자에 따라 달라짐
③ 반가에서는 제사와 손님 대접에 필수인 가향주가 있어야 했기에 술 담그는 솜씨와 술 안주의 솜씨가 뛰어남

9) 명절식(名節食)과 시식(時食)의 풍습이 발달

① 민족의 동질감, 일체감을 갖고 나눔의 의미를 부여하는 공동식이 발달
② 계절별로 산출 식품이 달라 계절 기후에 맞게 음식을 준비하여 우리 음식에는 계절성이 확연함

10) 지방마다 향토음식이 발달

① 지방의 유림 세력의 농장 확장, 향음의례의 주도, 향시는 고급의 향토음식을 만들어 정착시킴

② 고장마다 전승되어 있는 세시풍속이나 통과의례 또는 생활풍습 등의 문화적 특질이 향토 음식에 미치는 영향이 큼

11) 구황식품과 구황음식이 발달

① 농사에 의존적인 음식문화 형태에 새로운 차원의 건강식이 형성됨

② 구황용 식품으로는 주로 산야에 자생하는 식물의 어린 잎, 어린 싹, 열매, 뿌리, 나무껍질로 산야에 자생하는 식용이 가능한 식물과 초목 등은 850여 종에 이름

3. 한식의 양념(藥念)

한국음식의 독특한 특징은 각 식품이 지니고 있는 고유의 맛을 살리되, 음식마다 특유한 맛을 내는 데 여러 가지 재료가 사용되는 것으로 이것을 양념이라고 한다. 양념은 조미료와 향신료로 나뉜다.

"양념"은 한자로 약념(藥念)이라 표기하며 "다양한 재료를 골고루 섞어 만들어 약처럼 몸에 이롭다." 는 뜻을 가지고 있다. 조미료의 기본양념은 짠맛, 단맛, 신맛, 쓴맛과 같은 4가지 맛과 한국음식의 독특한 매운맛, 감칠맛까지 6가지 기본 맛을 낸다.

향신료는 재료 자체가 향을 내거나 쓴맛, 매운맛, 고소한 맛 등을 내는 것들이다. 식품 자체의 좋지 않은 냄새를 제거하거나 감소시키고, 특유의 향기로 음식의 맛을 더욱 좋게 한다.

한국 음식의 조미료에는 소금, 간장, 고추장, 된장, 식초, 설탕 등이 있으며, 향신료에는 생강, 겨자, 후추, 고추, 참기름, 들기름, 깨소금, 파, 마늘, 천초 등이 있다. 특히 우리나라 음식은 한 가지 음식에 적어도 5~6가지 조미료를 넣어 만들기 때문에 다른 나라 음식들과 비교해보면 독특한 맛을 낸다.

(1) 양념

1) 소금

소금은 음식의 맛을 내는 데 가장 기본적인 조미료로 짠맛을 낸다. 음식의 가장 기본적인 맛은 '짜다' 또는 '싱겁다' 는 간이다. 소금의 간은 음식에 따라 가장 맛있게 느끼는 농도가 각각 다르다. 맑은 국이면 1% 정도가 알맞고, 맛이 진한 토장국이나 건지가 많은 찌개는 간의 농도가 더 높아야 하고, 찜이나 조림 등 고형물의 간은 더욱 강해야 맛있게 느껴진다.

소금의 종류는 호렴, 재렴, 재제염, 식탁염, 맛소금 등으로 나눌 수 있다. 호렴은 입자가 굵어 모래알처럼 크고 색이 약간 검다. 대개 장을 담그거나 채소나 생선의 절임용으로 쓰인다. 재렴은 호렴에서 불순물을 제거한 것으로 재제염보다는 거칠고 굵으며 간장과 채소,

생선의 절임용으로 쓰인다.

소금의 짠맛은 신맛과 함께 있을 때는 신맛을 약하게 느끼게 하는 억제 작용을 하고, 단맛은 더욱 달게 느끼게 하는 맛의 대비 작용을 한다. 그러므로 단맛의 과자나 정과 등을 만들 때는 설탕 약 50%에 약간의 소금을 첨가한다. 또 젓갈류는 10~15%의 염도가 적당하다.

2) 간장

간장과 된장은 콩으로 만든 우리 고유의 발효 식품으로 음식의 맛을 내는 중요한 조미료이다. 간장의 '간'은 소금의 짠맛을 나타내고, 된장의 '된'은 되직한 것을 뜻한다. 재래식으로는 늦가을에 흰콩을 무르게 삶아 네모지게 메주를 빚어 따뜻한 곳에 곰팡이를 충분히 띄워서 말려두었다가 음력 정월 이후 소금물에 넣어 장을 담근다. 충분히 장맛이 우러나면 국물만 모아 간장으로 쓰고, 건지는 소금으로 간을 하여 따로 항아리에 꼭꼭 눌러두고 된장으로 쓴다. 요즘은 집에서 장을 담그지 않고 공장에서 제조하여 시판되는 제품들을 쓰는 가정이 많아졌다. 시중에서 판매되는 장은 재래식 장맛과는 다르기 때문에 음식의 맛도 많이 변해가는 실정이다.

음식에 따라 간장의 종류를 구별하여 써야 한다. 국, 찌개, 나물 등에는 색이 옅은 청장(국간장)을 쓰고, 조림, 포, 초 등의 조리와 육류의 양념은 진간장을 쓴다. 간장은 주방에서 조리할 때 조미료로만이 아니라 상에서 쓰이는 초간장, 양념간장 등을 만드는데 쓰인다. 전유어나 만두, 편수 등에 곁들여 낼 때의 초간장은 간장에 식초를 넣고, 양념간장은 고춧가루, 다진 파, 마늘 등을 넣어야 맛이 더 있다.

3) 된장

된장은 조미료뿐만 아니라 단백질의 급원 식품 역할까지도 한다. 재래식으로는 콩으로 메주를 쑤어서 알맞게 띄워 소금물에 담가 40일쯤 두어 소금물에 콩의 여러 성분들이 우러나면 간장을 떠내고 남은 건더기가 된장이다. 이 방법으로 만든 된장은 간장으로 영양분이 많이 우러나고 남은 것이라 영양분도 적고 맛이 덜하였다. 최근에는 공업적으로 된장을 만드는데 콩과 밀을 섞어 발효시켜서 만든다. 된장은 주로 토장국과 된장찌개의 맛을 내는 데 쓰이고, 상추쌈이나 호박쌈에 곁들이는 쌈장 및 장떡의 재료가 된다.

4) 고추장

고추장은 우리 고유의 간장, 된장과 함께 발효 식품으로 세계에서 유일한 맛을 내는 복합 발효 조미료이다. 탄수화물이 가수분해 되어 생긴 단맛과 콩단백에서 오는 아미노산의 감칠맛, 고추의 매운맛, 소금의 짠맛이 잘 조화를 이룬 식품으로 조미료인 동시에 기호 식품이다.

재래식 고추장은 메주, 고춧가루, 찹쌀, 엿기름, 소금 등이 원료이다. 찹쌀은 가루로 만

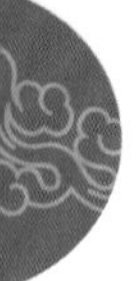

들어 반죽하여 쪄서 메줏가루를 혼합하고 저어 당화되어 묽어지면 고춧가루를 섞고 소금으로 간을 맞춰 숙성시킨다.

지방에 따라 찹쌀 대신 멥쌀, 밀가루, 보리 등도 쓰인다. 고추장용 메주는 콩에 쌀가루를 섞어서 빚기도 하고 버무릴 때 소금 대신 청장으로 간을 맞추기도 한다.

고추장은 된장과 마찬가지로 토장국이나 고추장찌개에 맛을 내고, 생채나 숙채, 조림, 구이 등의 조미료로 쓰인다. 상에 놓이는 회나 강회 등을 찍어 먹는 초고추장을 만들기도 하고 비빔밥이나 비빔국수의 볶음 고추장도 만든다. 경상도와 전라도 지방에서는 메줏가루를 넣지 않고 조청을 고아서 고춧가루를 섞어 소금으로 간을 해서 엿꼬장을 만들기도 한다.

5) 설탕, 조청, 엿, 꿀

설탕은 단맛을 내는 조미료로 가장 많이 쓰이는데, 우리나라에는 고려시대에 들어왔으나 귀한 재료여서 일반에서는 널리 쓰이지 못하였다. 예전에는 꿀과 집에서 만든 조청이 감미료로 많이 쓰였다.

설탕은 사탕수수나 사탕무의 즙을 농축시켜 만드는데 순도가 높을수록 단맛이 산뜻해진다. 당밀분을 많이 포함한 흑설탕보다 정제도가 높은 흰설탕이 단맛이 가볍다. 같은 흰설탕이라도 결정이 큰 것이 순도가 높으므로 산뜻하게 느껴진다. 달게 느끼는 정도는 흑설탕, 황설탕, 흰설탕, 그래뉴당, 모래설탕, 얼음설탕의 순으로 차츰 강하게 느낀다.

조청은 곡류를 엿기름으로 당화시켜 오래 고아서 걸쭉하게 만든 묽은 엿으로 누런색이고 독특한 엿의 향이 남아 있다. 요즈음에는 한과류와 밑반찬용 조림에 많이 쓰인다.

엿은 조청을 더 오래 고아서 되직한 것을 식혀 딱딱하게 굳힌 것이다. 엿은 간식이나 기호품으로 즐기지만 음식에는 조미료로 사용되어 단맛을 내면서 윤기도 낸다.

꿀은 꿀벌이 꽃의 꿀과 꽃가루를 모아서 만든 천연 감미료로, 인류가 구석기시대부터 이용한 가장 오래된 감미료이다. 꿀은 꿀벌의 종류와 밀원이 되는 꽃의 종류에 따라 색과 향이 다르다. 투명하면서 농도가 묽은 것도 있고 되직하면서도 불투명한 흰색의 침전물이 많은 것도 있다. 꿀은 약 80%가 과당과 포도당이어서 단맛이 강하고 흡습성이 있어 음식의 건조를 막아준다. 단맛과 향이 좋은데 고가이므로 음식의 감미료보다는 과자, 떡, 정과 등에 쓰이고, 만병통치의 효능이 있어 약재로 많이 쓰인다. 예전에는 죽이나 떡을 상에 낼 때 종지에 담아 함께 내었으며, 한문으로는 백청(白淸) 또는 청(淸)이라 하였다.

6) 식초

식초는 음식의 신맛을 내는 조미료이다. 신맛은 음식에 청량감을 주고 생리적으로 식욕을 증가시키고 소화액의 분비를 촉진시켜 소화 흡수도 돕는다.

식초의 종류는 양조식초와 합성식초, 혼성식초로 나눌 수 있다. 그 중 양조식초는 곡물이나 과실을 원료로 하여 발효시켜 만든 것으로 원료에 따라 쌀초, 술지게미초, 엿기름초, 현미초, 포도주초, 사과초, 주정초, 소맥초 등이 있다. 합성식초는 빙초산을 만들어 물로 희석하여 식초산이 3~4%가 되도록 한다. 합성식초에는 양조식초와 같이 온화하고 조화를 이룬 감칠맛이 없다. 혼성식초는 합성식초와 양조식초를 혼합한 것으로 시중에 이러한 제품이 많다. 양조식초는 각종 유기산과 아미노산이 함유된 건강식품이다.

재래식 식초는 처음부터 누룩과 찹쌀밥을 섞어서 물을 발효시키는 법이 여러 가지 있으나, 대개의 가정에서는 시어진 술이나 먹다가 남은 술로 만들었다. 술을 항아리에 담아 부뚜막에 올려놓아 2~3개월 지나면 자연에 존재하는 초산균이 침입하여 에닐알코올을 산화시켜 초산이 생기면서 황록색의 투명한 액이 위쪽에 모이는데, 이것을 따라내어 식초로 쓰고 다시 덜어낸 만큼 술을 부어두면 계속 초가 만들어진다. 이는 요즈음의 식초와는 아주 다른 독특한 향이 있다.

한국 음식은 생채와 겨자채, 냉국 등과 같은 차가운 음식에 식초를 넣어 신맛을 낸다. 식초는 녹색의 엽록소를 누렇게 변색시키므로 푸른색 나물이나 채소에는 먹기 직전에 넣어 무쳐야 한다. 식초는 간장이나 고추장에 섞어 초간장, 초고추장 등을 만들어 상에서의 조미품으로도 쓰인다.

7) 파

파는 자극성 냄새와 독특한 맛으로 가장 많이 쓰이는 향신료 중의 하나이다. 파의 종류에는 굵은 파, 실파, 쪽파, 세파 등 여러 가지가 있고 나는 시기가 각기 다르다. 여름철에는 가늘고 푸른 부분이 많은 파, 가을철에는 굵고 흰 부분이 많은 파가 많고, 세파는 여름철에 나온다. 파의 흰 부분은 다지거나 채 썰어 양념으로 쓰는 것이 적당하고, 파란 부분은 채 썰거나 크게 썰어 찌개나 국에 넣는다. 고명으로는 가늘게 채로 썰어 쓰도록 한다. 파의 매운맛을 내는 물질은 가열하면 향미 성분이 부드러워지고 단맛이 강해진다.

8) 마늘

마늘에는 독특한 자극성의 맛과 향기가 있어 파와 더불어 많이 쓰이며, 특히 육류 요리에 빠지지 않는다. 마늘은 밭에서 나온 밭마늘이 논마늘보다 육질이 단단하여 오래 보관할 수 있고 육쪽 마늘을 상품으로 친다.

나물이나 김치 또는 양념장 등에 곱게 다져서 쓰고, 동치미나 나박김치에는 채 썰거나 납작하게 썰어 넣는다. 연한 풋마늘은 푸른 잎까지 모두 채 썰어 양념으로도 쓰고 일반 채소처럼 쓰기도 한다.

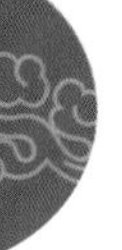

9) 생강

생강은 쓴맛과 매운맛을 내며 강한 향을 가지고 있어 어패류나 육류의 비린내를 없애주고 연하게 하는 작용을 한다. 생선이나 육류를 익히는 음식을 조리할 때는 생강을 처음부터 넣는 것보다 재료가 어느 정도 익은 후에 넣는 것이 효과적이다. 생강은 육류나 어패류를 조리할 때 향신료로 사용할 뿐 아니라 음료나 한과를 만들 때에 많이 쓰인다. 생강은 음식에 따라 강판에 갈아서 즙만 넣기도 하고 곱게 다지거나 채로 썰거나 얇게 저며 사용한다.

생강은 되도록 알이 굵고 껍질에 주름이 없는 것이 싱싱하다. 식욕을 증진시키고 몸을 따뜻하게 하는 작용이 있어 한약재로도 많이 쓰인다.

10) 후추

후추는 매운맛을 내는 향신료로서 이미 고려 때 수입한 기록이 남아 있는 것으로 보아 조선시대 중기 이후에 들어온 고추보다 훨씬 먼저 쓰였다. 생선이나 육류의 비린내를 제거하고 음식의 맛과 향을 좋게 하고 식욕도 증진시킨다. 검은 후추는 미숙된 후추 열매를 천일 건조한 것으로 대개는 갈아서 가루로 만들어 쓴다. 향이 강하고 색이 검어 육류와 색이 진한 음식의 조미에 적당하다. 흰 후추는 완숙한 후추 열매를 불에 가열하여 껍질을 벗긴 것으로 매운맛도 약하고 향이 부드러우며 색이 연해 흰 살 생선이나 채소류, 색이 연한 음식의 조미에 적당하다. 후추를 공기 중에 방치하면 향기가 없어지고 매운맛도 약해지므로 소량씩 갈아서 잘 밀봉하여 쓰도록 한다. 통후추는 육류를 삶거나 육수를 만들 때에 넣고, 차를 달일 때나 배숙 등의 음료에 쓰인다.

11) 고추

한국 음식에서 매운맛을 낼 때는 주로 고추가 쓰이지만 고추의 전래 역사는 짧다. 우리나라에는 임진왜란 이후 17세기 초에 일본을 통해 들어왔다는 설이 가장 유력하다. 지금은 세계적으로 고추의 소비량이 으뜸이 될 정도로 우리나라 음식에 많이 쓰이게 되어 매운맛이 한국 음식의 대표적인 특징처럼 되었다.

고추의 매운맛은 품종이나 산지에 따라 차이가 크다. 고추는 완전히 성숙하기 전의 풋고추도 사용하며 붉은색의 말리지 않은 고추도 쓰고, 말려서 가루로 쓰거나 실고추를 만들어 쓴다.

태양에 말린 것을 태양초라 하는데 붉은빛이 선명하고 매운맛이 강하다. 증기건조법으로 말린 것은 색이 진하여 음식의 색이 곱지 않고 맛도 덜하다. 품종은 개량종보다 재래종이 크기가 작고 맵다. 고추는 용도에 따라 굵은 고춧가루, 중간 고춧가루, 고운 고춧가루로 나누어 빻는다. 실고추로 썰어 나박김치에 넣고, 고춧가루는 김치나 깍두기에, 고운 고춧가루는 일반 조미용과 고추장에 적당하다.

12) 겨자

겨자는 갓의 씨를 가루로 빻아서 쓴다. 건조할 때는 매운맛이 없으나 물로 개어서 공기 중에 방치하면 매운맛이 난다. 재래종은 물에 개어서 따뜻한 곳에 엎어서 오래 두어야 매운맛이 나며 개량종은 개어서 고루 저어주면 바로 쓸 수 있다.

13) 천초

천초나무의 열매와 잎은 독특한 향과 매운맛을 내며 '산초' 라고도 한다. 요즈음은 사찰이나 특별한 음식에만 쓰이고 일반적으로는 널리 쓰이지 않으나 고추가 전래되기 이전에는 김치나 그 외의 음식에 매운맛을 내는 조미료로 쓰인 기록이 많이 남아 있다. 완숙한 열매는 말려서 가루로 만들어 조미료로 쓰는데, 추어탕이나 개장국 등 비린내와 기름기가 많은 음식에 쓰인다. 천초 열매가 덜 여물어 아직 푸른색일 때 식초를 부어 삭혀서 간장을 부어 천초장아찌도 담근다. 천초는 건위와 구충 작용이 있어 한약재로도 쓰인다.

14) 계피

계수나무의 껍질을 말린 것으로 두껍고 큰 것은 육계(통계피)라 하며 가는 나뭇가지를 계지(桂枝)라 한다. 육계를 계핏가루로 만들어 떡류나 한과류, 숙실과 등에 많이 쓴다. 통계피와 계지에 물을 붓고 달여서 수정과의 국물이나 계지차로 만들어 먹는다.

15) 참기름

참기름은 우리나라 음식에 가장 널리 쓰이는 기름으로 참깨를 볶아서 짠다. 우리의 음식 중 고소한 향과 맛을 내는 데 쓰이고, 특히 나물 무칠 때와 약과, 약식을 만들 때 많이 쓰인다. 참기름은 튀김기름으로는 쓰지 않으며, 나물, 고기 양념 등 향을 내기 위한 거의 모든 음식에 넣는다.

16) 들기름

들기름은 들깨를 볶아서 짠 것으로 참기름과는 다른 고소하고 독특한 냄새가 난다. 누구나 일반적으로 좋아하는 향은 아니어서 널리 쓰이지는 않으나 김에 발라 굽거나 나물을 무칠 때 사용한다.

들깨는 기름에 짜서 쓰는 외에 들깨를 그대로 갈아서 즙을 만들어 나물을 무치거나 냉국과 된장국에 넣기도 한다.

17) 콩기름

전유어나 지짐, 볶음 등 일반적인 조리용으로 가장 많이 쓰이는 기름으로 무색무취의 투명한 것이 좋다. 우리나라 찬류의 조리법 중에는 튀김 요리가 부각이나 튀각 이외에는 없다. 예전에는 기름이 귀하여 중히 여겼고, 찬류보다는 유과나 유밀과를 지질 때에 많이 쓰였다.

18) 깨소금

깨소금은 참깨에 물을 조금 부어 비벼 씻어 물기를 뺀 다음 볶아 소금을 약간 넣어 반쯤 부서지게 빻는다. 실깨는 겉껍질을 말끔히 없앤 다음 씻어 뽀얗게 볶는 것이다. 깨는 잘 여문 것으로 고르고 볶을 때는 번철이나 두꺼운 냄비에 나무주걱으로 저으면서 볶는다. 깨알이 익어서 통통하게 되어 손끝으로 비벼서 으깨어질 수 있을 정도로 볶아야 알맞다. 지나치게 볶아 색이 까매지면 음식에 넣었을 때 품위가 없다. 볶아서 오래 두면 습기가 스며들어 눅어지고 향이 없어지므로 되도록 조금씩 볶아서 뚜껑을 꼭 막아두고 쓰도록 한다.

19) 새우젓

새우젓은 작은 새우를 소금에 절인 젓갈로서 김치에 가장 많이 쓰인다. 소금 대신에 국, 찌개, 나물 등의 간을 맞추는 조미료로 쓰이는데 소금간 보다 감칠맛이 난다. 특히 호박, 두부, 돼지고기로 만든 음식과 맛이 잘 어울린다. 그리고 돼지고기 편육에는 새우젓국에 식초, 파, 고춧가루 등을 섞어 초젓국을 만들어 반드시 곁들여 낸다. 젓국만 쓸 때는 건지가 들어가지 않게 꼭 짜서 쓴다.

(2) 한식 기본양념 만들기(단위: 큰술)

1) 소금양념기본 비율(부피): 만두소, 완자탕, 섭산적, 표고전, 육원전

소금	설탕	파	마늘	깨소금	참기름	후추
0.1	0~0.1	0.4	0.3	0.2	0.2	0.01

2) 간장양념비율(부피): 찜, 표고버섯, 고기, 목이버섯

간장	설탕	파	마늘	깨소금	참기름	후추
1	0~0.1	0.4	0.3	0.2	0.2	0.01

3) 초간장(부피): 전류

간장	설탕	식초
1	1	1

4) 초고추장(부피): 미나리강회

고추장	설탕	식초
1	1	1

5) 겨자 개는 비율(부피)

겨자	물(40℃)
1	1~1.5

겨자와 물을 같은 비율로 잘 섞어 따뜻하게 10분 정도 발효시켜야 매운맛이 강하게 나타난다. 물이 많이 들어간 것은 쓴맛이 적다.

6) 겨자 소스 비율(부피)

겨자 갠 것	설탕	식초	간장	소금
1	1	1.5	0.2	1

7) 유장(부피): 초벌구이

간장	참기름
1	3

8) 고추장양념(부피): 더덕구이, 생선양념구이(후추는 고기, 생선류에만 사용)

고추장	설탕	파	간장	마늘	깨소금	참기름	후추
1	0.3	0.3	0.1	0.2	0.1	0.1	0.01

9) 촛물(부피): 오이선

식초	설탕	물	소금
1	1	1	0.1

10) 약고추장(부피): 비빔밥

고추장	설탕	물	다진 고기	깨소금	참기름
1	0.3	1	1	0.2	0.1

11) 양념과 간하기

간장양념장	고기, 표고버섯, 목이버섯
소금양념	고기, 두부
소금	오이, 도라지, 당근, 호박, 석이버섯

12) 파, 마늘 사용량

부수적으로 들어가는 재료에 파, 마늘이 들어가는지 여부에 따라 양념장을 만들 때 파, 마늘 양을 가감해서 사용한다.

13) 설탕 사용량

보통 국 종류에는 사용하지 않으며 찜, 조림은 간장의 반 정도를 사용한다.

4. 한식의 고명

'고명' 이란 음식을 보고 아름답게 느껴 먹고 싶은 마음이 들도록, 음식의 맛보다 모양과 색을 좋게 하기 위해 장식하는 것을 말한다. '웃기' 또는 '꾸미' 라고도 한다. 한국 음식의 색깔은 오행설(五行說)에 바탕을 두어 붉은색(赤), 녹색(綠), 노란색(黃), 흰색(白), 검은색(黑)의 오색(五色)이 기본이다. 색은 식품들이 지닌 자연의 색깔로 쓰는데 붉은색은 다홍고추, 실고추, 대추, 당근 등으로, 녹색은 미나리, 실파, 호박, 오이 등으로, 노란색과 흰색은 달걀의 황백지단으로, 검은색은 석이버섯, 목이버섯, 표고버섯 등을 사용한다. 그리고 잣, 은행, 호두 등 견과류와 고기완자 등도 고명으로 많이 쓰인다.

5. 한식조리 재료

(1) 과채류

1) 과채류의 정의

과채류는 과실과 씨를 식용으로 하는 채소를 말한다. 채소의 분류상 엽채류(葉菜類)·근채류(根菜類)에 대응하는 용어이다. 박과의 채소에는 오이·참외 등이 있고, 가짓과의 채소에는 토마토·가지 등이 있으며, 콩과의 채소에는 잠두·완두 등이 있다. 그 밖에 딸기 등이 과채류에 속한다. 과채류는 대개 일년초로 봄에서 여름에 걸쳐 수확하며, 엽채류나 근채류에 비해 육묘(育苗)하여 본밭에 이식하는 경우가 많고, 수확까지 많은 시일이 걸리는 등 많은 노력이 필요하다.

2) 과채류의 종류

① 가지

가짓과에 속하는 1년생 초본으로 줄기의 높이는 60~100cm, 잎은 호생하고 난형으로 녹색이나 자색을 띠고 있다. 가지의 변색을 방지하려면 0.2~0.3%의 명반을 물에 녹이거나 녹슨 못을 이용하면 가지의 고운 빛을 오래도록 유지할 수 있다.

② 고추

가짓과에 속하는 단년생 초본으로 품종에 따라 모양, 색깔, 크기, 매운맛의 정도가 다르다. 풍토에 적응성이 강하며 우리나라에서 재배되는 고추를 형태별로 구별하면 긴 품종, 녹색 품종, 둥근형 품종, 원뿔형 품종 등 4~5가지이다. 우리나라 중부 이남에서는 은평고추, 금산고추, 재래종인 경산고추, 영양고추, 고성고추, 서동고추를 주로 재배한다. 용도에 따라 분류하면 신미종인 영양고추, 김장고추, 풍각고추, 새고추 및 옹조고추 등이 있다.

③ 오이

1년생 초본으로 넝쿨성으로 곁가지가 많은 것과 원가지가 더 강한 것의 두 종류가 있으며, 미숙과를 이용한다. 오이의 품종으로는 남지형, 북지형, 유럽형 및 잡종군으로 구분한다. 오이에는 칼륨 성분이 많아 생리적인 배수를 돕는다. 오이는 물외, 호과, 황과로도 이름이 불린다. 우리나라에 도입된 시기는 「고려사(高麗史)」에서 오이와 참외에 대한 재배에 관한 기록과 「해동역사(海東繹史)」의 기록으로 보아 1,500년 전으로 추정 할 수 있다.

④ 피망

브라질이 원산지인 피망은 알칼리성 강장식품으로 더위에 저항력이 없고 허약한 사람이 계속 먹으면 체력이 좋아진다. 비타민 A가 많이 함유되어 있으며 지방질과 곁들여 먹으면 흡수효과가 높아진다.

⑤ 호박

호박은 전분과 당분, 비타민 A, 비타민 C가 많고, 짙은 노란색일수록 비타민 A가 많다. 늙은 호박은 저장성이 좋아서 겨울에 부족해지기 쉬운 비타민 A의 공급원으로 좋다. 특히 호박의 종자에는 단백질, 지방이 풍부하다.

가지 고추 오이 피망 호박

3) 과채류 선택요령

과채류는 형태가 곧으며 고유의 색이 짙고 광택이 나면서 표면에 상처가 없으며 꼭지가 마

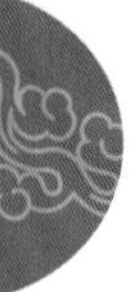

르지 않은 것이 좋다. 가지는 색상이 선명하고 광택이 있는 것이 품질이 좋고, 껍질은 얇고 육질은 연하면서 씨가 없고 단단한 것이 좋은 가지이다. 고추는 싱싱하고 파란 것이나 붉은 빛이 많은 것일수록 좋고 검은 반점이 있는 것은 좋지 않다. 크고 과피가 두꺼운 것일수록 좋으며, 줄이 있는 것은 맵지 않고 끝이 뾰족한 것보다 둥근 것이 과피가 두껍고 연하다. 오이는 가시가 뚜렷하고 색이 연하며 물에 가라앉는 것이 좋은 것이다.

4) 과채류 조리방법

가지에는 떫고 아린맛이 있는데 이 아린맛은 잘라서 물에 담그거나 100℃ 이상으로 가열하면 단맛으로 변한다. 가지는 기름과 상성이 좋기 때문에 볶음요리, 튀김요리에 적합하며 저장음식으로도 많이 이용한다. 서양에서는 가지를 퓌레로 만들어 생선요리, 양고기에 주로 이용하며, 가지를 넣은 라타투유는 프랑스의 프로방스 지방 요리로 유명하다. 풋고추는 소금물에 삭히거나, 고추장, 된장에 무쳐서 생으로 먹고, 중식에서는 두반장의 원료, 채소 볶음에 부재료로 많이 이용된다. 기름에 졸여 반찬으로 이용하거나, 육류를 곁들인 요리의 재료로 많이 쓰이고 있으며, 매운탕을 만들때 없어선 안되는 신미료이다.

오이는 생으로 먹어도 좋고 삶기, 볶기, 조리기, 굽기, 찌기 등으로 먹기도 하지만 생으로 소금절이를 하면 부드럽고 시원한 맛이 일품이다. 어패류를 섞어 식초무침, 김치의 재료로도 많이 쓰인다. 동유럽 지방에서는 딜(dill)을 넣어 피클로 가공한 것이 많다. 서양의 오이는 대개 크고 껍질이 단단하므로 익혀 먹을 경우 껍질을 벗기고 세로로 두쪽을 내어 스푼으로 씨를 빼고 쓰는 경우가 많다. 일본의 오이는 껍질이 얇고 씨도 적어서 그럴 필요가 없다. 최근에는 가열 조리용의 대형 유럽오이도 나와 있다. 다른 열매채소와 같이 오이도 사철 어느 때나 나오고 있으나 맛이 가장 좋을 때는 역시 여름철이다.

피망은 볶음, 꼬치구이, 바비큐 요리로 이용되며, 생식으로 샐러드용, 각종 요리의 가니쉬로 가장 많이 이용되고 있다. 피망은 비타민 C의 유지, 보존을 위해서 생으로 먹는 것이 좋으나 가열조리하면 조직이 부드러워지고 풍미도 좋아지므로 고기를 넣어 지져먹어도 좋다.

어린 호박은 채소용으로 사용하거나 썰어서 건조시켜 이용한다. 익은 호박으로는 엿, 떡, 부침, 볶음, 찜 등의 요리가 있고 서양요리로는 가는 체에 걸러 수프나 파이요리에 이용된다. 호박에 많이 함유된 카로틴의 흡수를 돕기 위해서는 기름으로 조리하는 것이 좋다.

5) 과채류 보관법

과채류는 종류에 따라 적합한 저장법을 따르는데 가지는 저온상태에 보관하면 색상과 광택이 떨어지므로 냉풍이 적고 통풍이 없는 상온이 보관하기에 좋다. 진열 시에는 11℃를 유지하도록 하고 색 변화를 막기 위해 우유에 담가서 보관해야한다. 고추는 건조방법에 따라 품질이 크게 달라진다. 자연 건조시킨 태양초가 가열 건조한 것보다 빛깔도 좋고, 고추 맛이 더 좋다. 풋고추를 생산한 후에는 온도변화가 없는 곳에 저장하는 것이 좋다. 오이는 우리나라에서는 생과를 주로 이용하며, 별도로 저장은 하지 않는다. 구입 즉시 촉촉한 신문지나 구멍 난 비닐에 싸서 냉장보관하면 좋다. 최적온도는 5~13℃, 최적습도는 90~95%로 15일간 보관 가능하다. 피망은 8℃를 유지해 주면 저장성이 좋아 보통 10일 정도 보관이 가능하다. 호박의 최적온도는 11℃, 최적습도는 85%이며 최장 2개월간 저장이 가능하다. 일반적으로 저온보다는 상온보관이 좋고, 가을철에 늦게 수확하면 2월까지도 저장이 가능하다.

(2) 종실채류

1) 종실채류의 정의

식물의 열매나 과일의 핵에 포함된 인, 열매 속에 있는 새로운 개체로 자라날 종자 등으로 이루어진, 참깨와 같은 종자류, 두류, 곡류, 견과류에 속한 열매를 지칭한다. 종실채류는 언제든지 먹을 수 있는 영양의 근원으로 꼬투리 째 먹는 콩, 씨만 먹는 콩 또는 옥수수 등이 속하며 식물의 발아에 필요한 단백질과 탄수화물, 미네랄 등 사람에게도 중요한 영양소를 풍부하게 갖고 있다. 콩과 옥수수는 간단히 건조시켜 보존할 수 있는 것이 장점이지만, 꼬투리째로는 잘 말려지지 않는 콩도 있을 뿐 아니라 아무래도 말리지 않는 신선한 것이 비타민도 풍부하고 맛도 좋다.

2) 종실채류의 종류

① 콩

콩은 지력(地力)유지에 좋은 영향을 미치므로 밭작물 돌려짓기에 많이 이용된다. 주요 영양소는 40% 가량의 많은 단백질을 함유하고 필수 아미노산이 많이 들어있어 영양학적으로 우수하다. 콩에는 18% 가량의 지방이 있는데 대부분이 불포화지방산으로 이루어져있다. 생이나 익혀 먹어도 65% 가량밖에 소화가 되지 않지만, 가공한 된장은 80% 이상, 두부는 95%가 소화된다.

② 녹두

녹두는 팥과 비슷하며, 콩과에 속하는 한해살이 풀이다. 녹두의 단백질을 구성하는 아미노산으로는 로이신, 라이신, 발린 등의 필수 아미노산이 풍부하고 지방은 적으나 불포화지방산이 주성분을 이루고 있다. 녹두 나물에는 녹두에 비해 비타민 A가 2배, 비타민 B는 30배, 비타민 C가 40배가 증가하나 단백질과 당질의 양은 급격히 떨어진다.

③ 메밀

메밀은 산골짜기, 고산지대 개간지 등 비옥하지 못한 토질에서도 잘 적응하는 곡물로 가식부 100g 당 수분 13.5%, 단백질 12%, 탄수화물 70%, 지질 3%, 인, 칼륨 등이 함유되어 있

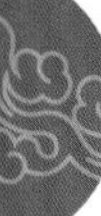

다. 쌀, 밀가루보다 필수 아미노산이 풍부하여 단백가가 높으며, 배아에 섞인 여러 효소의 작용으로 소화에 좋고 성인병 예방에도 알맞은 식품이다.

④ 팥

팥은 콩보다 한파에 잘 견뎌 밀의 후작으로 적용성이 높다. 주성분은 단백질과 당질이다. 다른 두류에 비해 맛이 달고 지방이 적은 반면, 비타민 B_1이 많아 각기병 예방에 효과가 있다. 당질이 체내에서 연소될 때 비타민 B_1이 많이 필요하기 때문에 흰쌀에 팥을 섞으면 당질을 빨리 대사시켜 불필요한 물질을 남기지 않기 때문에 몸이 개운해지고 피로회복에 좋다. 팥에는 4% 정도의 섬유질이 있어 장을 자극해 변비치료에도 좋다.

콩 녹두 메밀 팥

3) 종실채류 선택요령

콩은 껍질이 얇고 깨끗하며 광택이 나고 색이 선명한 것이 좋다. 녹두는 빛깔이 고운 초록색이며 껍질이 거칠고 광택이 나지 않는 것, 물을 흡수하여 팽윤 속도가 느린 것이 좋다. 메밀은 삼각형의 모서리가 뾰족하고, 삼각뿔을 이루는 각각의 면이 오목한 것이 좋다. 메밀을 빻아 체에 거른 후 남은 찌꺼기를 메밀나깨라 하는데, 첫 가루는 나깨가 적어 빛깔은 희지만 영양가는 별로 없고, 오히려 거뭇거뭇한 메밀껍질이 섞인 것이 풍미도 좋고 영양가도 높다. 팥은 알이 굵지만 고르지 않은 것은 피하고, 붉은색이 엷고 선명한 것이 좋다. 물에 뜨는 것은 좋지 않으므로 구입하지 않는 것이 좋다.

4) 종실채류 조리방법

종실채류는 그 종류에 따라 조리방법이 다양하게 이루어지고 있다. 콩은 두부, 된장, 간장에 많이 이용되며 한여름의 별미인 냉콩국수는 영양가도 높고 시원한 맛으로 인기가 많고 배탈이 나지 않는다. 중국요리에서는 마파두부, 두부피, 말린 두부 등 콩으로 만든 두부요리가 많다. 녹두를 이용한 요리에는 숙주나물, 녹두죽, 녹두전병, 청포묵, 빈대떡, 떡고물, 탕평채, 녹두수프 등이 있다. 메밀을 이용한 요리로는 메밀국수, 메밀묵, 메밀부침, 메밀 술, 메밀수제비 등이 있다. 메밀의 면을 쫄깃하게 삶으려면 물을 넉넉히 끓인 후 국수를 골고루 흩어지게 넣고 젓가락으로 휘저어, 약한 불에 뚜껑을 덮어 두면 끓어 넘치는데, 이때 찬물을 살짝 붓고 다시 끓어 넘치면 바로 건져 찬물에 헹구어낸다. 팥은 쌀, 콩과 함께 주요한 곡물로 우리의 식생활과 매우 밀접하다. 우리 선조들은 삼복에는 팥죽을 쑤어 먹어 전염성 질병을 예방하였고, 임금님의 수랏상에 흰수라와 함께 팥수라도 진상하는 것이 원칙이었다. 주로 밥, 죽, 떡의 고명의 형태로 많이 이용하고 있다.

5) 종실채류 보관법

종실채류는 건조시킨 후 통풍이 잘되는 서늘한 곳에 보관하는 것이 좋다. 습한 곳에 두어서는 절대 안 된다. 습한 곳에 두면 곰팡이가 생기기 쉽기 때문이다. 종실채류는 알갱이 상태로 보관하면 잘 산화되지 않지만 가루로 보관하면 공기와 접하는 면적이 커져 산화가 빨리 진행된다.

(3) 구·근채류

1) 구·근채류의 정의

구근류는 감자와 같이 알뿌리를 가진 식물(植物)의 종류(種類)를 통칭하며, 사계절 이용이 가능하다. 뿌리를 식용하는 채소를 통틀어서 근채류라고 하며, 순화된 언어로 뿌리채소, 뿌리채소류라고도 한다.

땅속에서 자라는 채소에는 당근과 순무처럼 뿌리가 굵어지는 것과 감자와 같이 땅속줄기의 일부가 굵어지는 것이 있다. 이와 같이 뿌리나 땅속줄기의 굵은 부분을 먹는 채소류는 감자나 당근처럼 식탁에서 흔히 볼 수 있는 것이 있는가 하면 돼지감자(뚱딴지) 등 흔히 볼 수 없는 것까지 그 종류가 다양하다. 구근류를 자세히 분류하면 무와 당근, 우엉은 뿌리가 곧은 직근류에 속하고, 고구마와 참마는 뿌리가 덩이류인 괴근류에 속하며, 뿌리줄기가 덩이가 되는 괴경류는 주로 감자와 토란이다. 연근과 생강은 뿌리줄기 자체가 덩어리인 경우로 근경류에 속한다. 대부분의 뿌리를 이용하는 채소는 다른 채소에 비해 수분함량이 적고 당질함량이 높다.

2) 구·근채류의 종류

① 감자

감자는 가짓과에 속하는 식물로 서늘한 곳에서 잘 자란다. 말방울을 닮아서 마령서(馬鈴薯) 또는 콩에 버금갈 만큼 영양가가 좋다는 의미로 토두(土斗)라고 부른다. 감자는 알칼리성 식품으로 주성분이 녹말이며, 필수 아미노산이 골고루 들어있고, 철분과 칼륨 및 마그네슘 같은 무기질과 비타민 C, 비타민 B 복합체를 골고루 가지고 있다. 특히 감자는 비타민 C가 다량 함유되어 있어 "밭의 사과"라고도 불리는데 비타민 C는 사과의 5배 정도로 하루에 감자 2개만 먹으면 하루 섭취량을 충족시킬 수 있다. 감자의 비타민은 전분에 둘러싸여 있어 열을 가해도 잘 파괴되지 않는다.

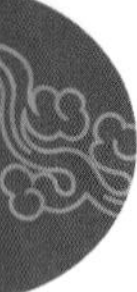

② 우엉

우엉은 국화과에 속하는 2년생 초본으로 주로 뿌리를 식용한다. 우엉은 우방(牛蒡)이라고도 하는데, 소도 먹을 수 있다하여 우채(牛菜), 열매에 갓이 많아 나쁜 과실이란 뜻으로 악실(惡實)이라고도 한다. 중국의 「본초학」, 일본의 「본초화명」에 기록이 있는 것으로 보아 주로 약초로 사용한 것으로 보인다. 우엉 당질의 주성분인 이눌린은 당뇨병 환자와 신장이 안 좋은 사람에게 좋으며 전체 당질의 50% 이상을 차지한다. "우엉을 먹으면 정력이 증진된다."라는 말이 있는데, 이러한 이유는 아미노산 중 아르기닌(arginine)이란 성분 때문이라고 한다.

③ 더덕

더덕은 쌍떡잎식물 초롱꽃과의 여러해살이 덩굴식물로 뿌리를 식용한다. 뿌리 전체에 혹이 많아 두꺼비 잔등처럼 더덕더덕 하다고 하여 "더덕"이라고 하는데 인삼과 비슷하게 생겨 "사삼(沙蔘)", 하얀 진액이 "양의 젖 같은 풀"이라고 해서 "양유(羊乳)"라고도 한다. 더덕은 칼슘과 인, 철분 같은 무기질이 풍부하고 단백질과 지방, 탄수화물, 비타민 B 등 영양가가 고루 갖추어진 고칼로리 영양 식품이다.

④ 고구마

고구마는 메꽃과에 속하는 일년초로 고구마의 어원은 대마도 사투리 고오고오이모에서 유래된 것이라고 한다. 고구마는 탄수화물과 조섬유, 칼슘, 칼륨, 인, 비타민 A의 전구체인 베타카로틴과 비타민 C 등이 풍부한 알칼리성 식품이다. 고구마는 추위에 약해 신문지에 싸거나 종이봉투에 넣어 통풍이 잘되는 곳에서 실온으로 보관하는 것이 좋다. 저장 중에 수분이 감소하기도 하고 녹말의 효소작용으로 당화하기도 하여 단맛이 증가하기 때문에 수확 후 바로 먹는 것보다 저장 후 먹는 것이 더 좋다.

⑤ 순무

순무는 뿌리가 흰 부분에는 비타민 C가 많고 잎은 뿌리보다 비타민 C를 더 많이 함유한다. 비타민 A와 칼슘, 철분 등의 성분이 포함되어 있다. 늦겨울에서 초봄 사이의 연하고 단맛이 있는 것은 고기 조림이나 볶음 요리에 쓰인다. 표면이 희고 단단하며, 형태는 둥글고, 잎의 신선도가 높고 싱싱하게 보이는 것이 좋다. 근부 하부에 달린 직근이 가늘고 곧은 것이 좋은 순무이다.

⑥ 마

마과에 속하는 다년생 덩굴식품로 한자로는 "서여(薯蕷)"라 하며, 마의 껍질을 벗겨서 말린 것을 "산약(山藥)"이라고 한다. 예로부터 "산의 뱀장어"라 하여 강장식품으로 먹어 온 마는 체력회복에 효과적인데 그 이유는 전분이 주성분이고 라이신, 트립토판, 메치오닌 등의 필수 아미노산이 풍부하기 때문이다. 칼륨과 나트륨, 칼슘, 마그네슘 등이 함유된 알칼리성 식품이다.

⑦ 토란

토란은 껍질에 흠이 없고, 모양이 동글동글한 것이 상품이다. 알칼리성 식품으로 소화를 촉진시켜 변비를 치료 및 예방해주는 완화제 작용도 한다. 하지만 수산석회 성분이 많이 들어있어 오래 먹으면 좋지 않다. 토란은 소금물에 조금 삶은 다음 요리를 하면 독성도 가시고 끈끈한 물질도 줄어든다. 토란을 삶을 때는 쌀뜨물로 삶아야 토란의 아린 맛을 제거할 수 있고 부드러워 진다.

⑧ 연근

연근은 다년생 수생식물로 지하경은 땅속으로 길게 뻗어가서 끝에 덩이줄기를 형성한다. 주성분은 탄수화물이며 일반식물에는 비교적 적은 비타민 B_{12}가 포함되어 있다. 연근은 공기 중에 두면 흑갈색으로 변색되므로 식초에 담가 놓아야 본래의 깨끗한 색을 유지할 수 있다. 삶을 때는 씹는 맛을 좋게 하기 위해 조금만 삶는 것이 좋고, 식초를 넣거나 쌀뜨물에 삶으면 맛을 좋게 하고 색을 선명하게 유지할 수 있다.

⑨ 양파

양파는 나리과 파속에 해당되며 아시아에서 45% 정도 재배되고 있다. 당분이 약 10%나 들어있고 성숙해진 양파에 당분이 증가해 단맛이 생긴다. 양파의 매운맛 성분은 아릴화합물들이며, 가열하면 자극적인 냄새와 매운맛이 없어지고 단맛이 증가하게 된다. 아릴화합물류는 항균작용과 함께 비타민 B_1의 흡수를 돕는다. 이런 매운맛 성분은 육류의 냄새제거에 탁월한 효과를 나타낸다.

감자 더덕 고구마 순무
마 연근 양파

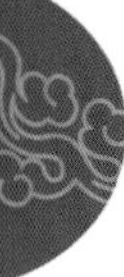

3) 구·근채류 선택요령

구·근채류를 선택할 때는 단단하고 주름이 없는 것, 크기에 비해 무게가 있는 것을 선택한다. 잎이 달린 것은 잎들이 싱싱하고 팽팽한 것을 고르도록 하고 구입 후엔 잎을 바로 잘라낸다. 잎을 오래 두면 영양분이 뿌리에서 잎 쪽으로 옮겨지기 때문이다. 순무나 무, 당근 등의 어리고 부드러운 잎은 영양가도 높으므로 잎채소와 마찬가지 방법으로 다양하게 조리하여 이용하면 좋다.

4) 구·근채류 조리방법

구·근채류 중 감자, 고구마는 끓는 물에 넣어서 데치는 것보다 뚜껑을 꼭 덮은 냄비에서 증기로 찌는 것이 좋다. 찔 때는 찜 냄비나 신축성이 있는 삼발이 위에 얹어 찌는 것이 좋다. 삼발이를 사용할 경우 물은 다리 높이 정도까지만 붓고 물이 충분히 끓은 후에 재료를 넣고 찌는 동안은 되도록 뚜껑을 열지 않는다. 찔 때는 비타민의 손실을 막기 위해서 껍질을 벗기지 않은 채 통째로 삶고 오래 삶는 것이 좋다. 당근과 감자, 고구마 등은 껍질을 얇게 벗기는 반면, 순무 등은 껍질을 두껍게 벗겨 요리한다.

5) 구·근채류 보관법

구·근채류는 종류별 적정온도와 적정습도 등 보존상태만 좋다면 오래 두고 먹을 수 있으며 다른 채소가 귀한 겨울철에도 풍족하게 쓸 수 있다. 그러나 저장해 둔 것과 갓 수확한 것에는 큰 차이가 있다. 예를 들어 햇 당근은 생으로 먹어도 맛이 좋지만 성장이 지나치면 단단해지고 가운데에 고갱이가 생기므로 이것을 떼어내고 써야 하며 또한 오래 삶지 않으면 부드러워지지 않는다.

구·근채류는 손질 후 변색이 잘 되고 비타민의 손실이 많으므로 바로 조리하거나 물이나 물 1L에 레몬 2개분의 즙을 섞은 레몬수에 곧바로 담가두면 색이 변하지 않는다.

감자류나 근채류를 저장할 때는 물기가 있으면 빨리 상하므로 씻지 않은 채로 건조하고 서늘한 곳에서 보관하도록 한다.

(4) 엽·경채류

1) 엽·경채류의 정의

엽·경채류는 줄기, 잎을 식용하는 채소로 그 종류가 많으며 풍미도 다양하다. 엽·경채류는 수분 함량이 많으며, 당질, 열량은 낮다. 무기질과 비타민 A, C, B_2와 철분을 많이 함유하고 있고, 건강에 필요한 미네랄도 듬뿍 함유하고 있다. 색이 짙은 잎을 가질수록 비타민 A의 함량이 많다. 엽·경채류의 전체를 놓고 볼 때 생것으로 먹는 채소는 약간 단맛, 쓴맛, 신맛이 있는 것 등으로 다종다양하며, 조리법에 따라 이러한 잎채소는 날것으로 먹는 맛 이외의 또 다른 맛을 즐길 수 있다. 엽·경채류는 단순한 미각의 변화를 즐기는 것 이외에도 영양면에서 아주 중요한 식재료이다. 엽·경채류의 종류는 부추, 배추, 돌나물, 냉이, 열무, 달래, 양배추, 상추, 두릅, 죽순 등이 있다.

2) 엽·경채류의 종류

① 부추

부추는 달래과에 속하는 다년생 초본이다. 중국 여제 서태후는 양기를 돋워주는 식품이라 하여 "기양초(起陽草)"라 부르기도 하였다. 부추는 카로틴과 비타민 B_2, 비타민 C, 칼슘, 철 등의 영양소를 많이 함유하고 있는 녹황색 채소이다. 베타카로틴은 늙은 호박의 4배 정도가 들어있다. 부추의 방향성분은 알릴설파이드로 위나 장을 자극하여 소화효소의 분비를 촉진하여 소화를 돕고 살균작용을 한다. 이 성분은 더운물에 데치면 약해지는 경향이 있다.

② 배추

배추는 산성식품을 중화하는 역할 및 식욕증진에도 효과가 있다고 알려졌다. 겨울철 김장용 채소로 가장 많이 쓰이며, 4계절 내내 김치, 국, 찌개 등으로 우리에게 친숙한 알칼리성 식품이다. 배추는 비타민 C와 칼슘이 풍부하며, 칼슘은 뼈를 튼튼하게 할 뿐만 아니라 산성을 중화시키는 능력을 가지고 있다. 배추에 들어있는 비타민류는 끓이거나 김치를 담가도 다른 것에 비하여 비교적 많이 남는다.

③ 돌나물

돌나물은 돌나물과에 속하는 다년생 초본이다. 돌나물은 돈나물, 석상채, 불갑초라고도 하며 밑이 갈라져 지면으로 뻗고 마디에서 뿌리를 내린다. 칼슘과 비타민 C가 비교적 많이 들어있다. 유질이 적고 비타민 C, 인산이 풍부하고 새콤한 신맛도 있어 식욕을 촉진하는 건강식품이다. 돌나물을 신선한 즙으로 계속 먹게 되면 전염성 간염에 좋다. 또 열을 내리고 독을 풀며 붓기를 가라앉힌다.

④ 냉이

냉이는 십자화과의 월년생 초본으로 예부터 구황식품으로 널리 이용되었으며 단백질과 칼슘, 철분, 비타민류가 많은 알칼리성 식품이다. 냉이는 채소류 중 단백질 함량이 가장 많고, 무기질로는 칼슘, 철분 함량이 많은 알칼리성 식품이다. 냉이로 국을 끓일 때 쌀뜨물을 넣으면 더 구수해지고, 냉이를 날콩가루에 무친 후 끓을 때 넣으면 동동 뜨는 것이 더 맛있다. 냉이죽은 환자의 입맛을 찾게 하는 별식으로 이용된다.

⑤ 달래

달래는 백합과에 속하는 다년생 초본이다. 땅속에 난형 또는 구형의 비늘줄기가 있고 그

아래에 수염뿌리가 있다. 잎은 가늘며 긴 대롱 모양인데 여름에는 말라서 없어진다. 달래에는 비타민 C가 많이 함유되어 있다. 달래의 수염뿌리와 인경은 소주에 담가 마시기도 하고 데쳐서 나물을 만들고 무나 배추 등으로 김치를 담을 때 양념으로 쓰기도 하며, 비린내 나는 고깃국을 끓일 때 잘게 썰어 넣거나 그밖에 요리의 교미와 교취제로 사용한다.

⑥ 양배추

양배추의 녹색부분은 비타민 A, 흰색부분은 비타민 B와 비타민 C가 함유되어있다. 특히 아미노산 중 성장에 필요한 필수 아미노산인 라이신이 많이 함유되어있어 발육기 어린이에게 좋은 식품이다. 또한 칼슘이 많이 함유된 알칼리성 식품으로 칼슘의 형태가 우유 못지않게 잘 흡수되는 형태로 되어있다. 영양을 효과적으로 흡수하는 데는 생으로 먹는 방법이 가장 좋고, 동물성 식품과 함께 조리하면 좋다. 위를 보호하는 효과가 있어 과음 후 먹는 서양식 해장국으로 쓰인다.

⑦ 상추

상추는 국화과 식물로 비교적 서늘한 기온에서 잘 자라는 호냉성 채소이다. 상추는 품종이 다양하며 어느 종류나 잎은 녹색으로 부드러우며, 약간의 쓴맛과 특유의 단맛이 있다. 특히 비타민 C와 철분을 풍부하게 함유한 영양가 높은 채소이다. 상추는 잎이나 줄기를 절단하면 유백색의 점액이 분비되는데 잠을 유도하는 성분으로 알려져 있다.

⑧ 두릅

두릅은 두릅나무과에 속하는 낙엽활엽수관목으로 전 세계에 600여 종이 있는데, 우리나라에는 두릅나무, 오가피나무, 옴나무, 황식나무 등 10여종이 있다. 단백질이 양질인 우수한 영양식품이다. 두릅나무의 새순이 6cm 이상 자란 것을 소금을 넣어 데치면 쓴 기운이 약해진다. 두릅은 껍질을 벗겨 잘라내어 물에 담가 쓴맛을 우려내는데, 이 때 물에 식초를 넣으면 갈변을 방지할 수 있고, 데치는 경우에 식초를 넣으면 희게 된다. 보관 시에는 신문지로 싸서 냉장 보관했다가 수일 내에 사용하며, 염장하여 장기간 보관이 가능하다.

⑨ 죽순

죽순은 화본과 다년생 식품으로 지하경을 심어서 4~5년 후 수확하며, 어린줄기는 3~5월에 베어내어 출하한다. 땅속에 있는 죽순은 백자, 땅위에 있는 죽순은 흑자라고 한다. 죽순의 주성분은 당질과 단백질, 섬유질이며, 이 중 단백질의 70%는 티로신과 발린, 글루타민산, 아스파라긴 등의 아미노산, 베타인, 콜린 등이다. 죽순의 칼륨은 염분배출을 도와주어 혈압이 높은 사람에게 좋은 반면 수산성분은 결석이나 알레르기 체질인 사람에게는 좋지 않다. 죽순의 독특한 맛은 글루타민산 때문이다. 죽순에는 '시아로겐' 이라는 유독물질이 있어 생으로는 먹지 못하고, 반드시 쌀뜨물을 이용하여 삶은 후 사용하여야 독성분이 제거되면서 잡맛이 제거되고 조직이 부드러워진다.

부추 배추 냉이 달래
양배추 상추 두릅 죽순

3) 엽·경채류 선택요령

엽·경채류를 선택할 때는 어리고 부드러울 때가 가장 좋으나 작은 것이 반드시 어린 것이라고는 할 수 없다. 같은 종류의 채소에도 많은 품종이 있고, 어느 한 품종의 어린잎이 다른 품종의 잘 자란 잎보다 클 수도 있기 때문에 엽채소를 선별하는 요령을 알아두는 것이 필요하다. 예를 들면, 어린잎은 반들반들 윤기가 나는 반면 너무 자란 잎은 거칠고 윤기가 없고, 잎이 누렇게 되었거나 시든 것은 좋지 않다라는 기본적인 사항은 숙지하는 것이 좋다.

4) 엽·경채류 조리방법

엽·경채류는 수확 후 되도록 빨리 조리하는 것이 좋고, 오래 둘수록 풍미와 영양가는 떨어진다. 시금치나 근대잎은 데치기만 해서 먹는 경우가 많으나 조리법에 따라서 사용하는 범위는 달라진다. 대부분의 엽채류들은 끓는 물에 소금을 넣고 2~3초 동안 넣었다가 건져내어 데치는 것을 일반적으로 하는 경우가 많다. 이때 사용하는 냄비는 쇠나 알루미늄보다는 스테인리스와 유리냄비를 사용하는 것이 좋다. 엽채소를 데치는 방법은 종류에 따라 조금씩 다르긴 하나 기본적인 것은 모두 같다. 미리 끓는 물에 채소를 넣는 것은 조금이라도 가열하는 시간을 짧게 하기 위해서이며 많은 양의 끓는 물을 쓰는 이유는 채소류를 넣었을 때 끓는 물의 온도가 급격히 내려가지 않도록 하기 위함이다. 또한 뚜껑을 덮으면 증기와 함께 증발해야 할 산(酸)과 엽록소가 열에 의해 화학반응을 일으켜 채소의 색이 나빠지므로 뚜껑을 덮지 않고 데치도록 하고 가열조리 시간은 되도록 짧게 한다. 물에 넣는 소금의 양은 보통 데치는 시간에 따라 달라지나 시간이 길수록 소금의 양을 적게 한다.

5) 엽·경채류 보관법

엽·경채류를 1주일 정도 보관할 경우에는 시원한 곳에 두고 마르지 않도록 하는 것이 가장 중요하다. 공기가 통하지 않는 비닐 같은 것으로 엽채류를 포장하면 살아 있는 잎이 호흡을 하지 못해 쉽게 상하므로 되도록이면 신문지로 돌돌 말아 공기가 통할 수 있도록 한다. 이때 온도는 5℃를 유지해 주는 것이 좋다.

2~3일 이내에 사용할 엽·경채류는 찬물로 씻어 물을 충분히 뿌려 준 다음 이것을 큰 봉지에 넣어 밀봉하지 말고 보관하거나, 물수건에 싸서 냉장고의 채소 보존 박스에 넣어 두면 습기가 있기 때문에 잎의 수분 증발을 막아 싱싱한 채로 보존이 가능하다. 시금치처럼 땅에 달라 붙은 듯 자라는 것은 보관 전 잘 씻고, 흙은 털어낸다.

(5) 버섯류

1) 버섯류의 정의

버섯이란 균류(菌類)의 포자를 지니고 있는 육질의 기관이다. 균류의 일종인 버섯은 세포에 엽록소가 없어 탄소동화작용을 할 수 없기 때문에 생물에 기생하거나 죽은 생물에 부생적으로 영양을 얻어 생활하는 균류 중 자낭균문과 담자균문에 속한다. 버섯의 인공 재배법은 19세기에 완성되었으며 그 이전까지는 우연적으로 발견되는 것 이외에는 전혀 볼 수 없었다.

2) 버섯류의 종류

① 송이버섯

송이버섯의 맛과 향은 한국과 일본인들이 제일 좋아하며 유럽인들은 선호하지 않는다. 송이버섯은 단백질을 많이 함유하고 있고 비타민 B, 비타민 D의 공급원이지만 칼로리는 낮다. 송이버섯의 특유의 맛을 내는 구아닌산은 혈액 속의 콜레스테롤 농도를 낮춰주기 때문에 고혈압, 비만, 심장병 환자에게 좋다.

② 느타리버섯

느타리버섯의 형태는 굴 껍질과 유사해서 서양에서는 "오이스터 머쉬룸(oyster mushroom)"이라고 한다. 렌티오닌의 성분에 의해 특유의 향이 있으며, 저칼로리 식품으로 비타민 B_2, 비타민 D, 식이섬유를 많이 함유하고 있으며 항암작용, 혈압강하작용 등의 효과가 있다.

③ 표고버섯

표고버섯은 겨울에 채취하는 동고(冬子)를 상품으로 친다. 생표고 보다 건표고버섯이 영양학적으로 우수하며 특히 표고버섯은 비타민 B_1, 비타민 B_2 함유량이 높아 보통 크기의 표고버섯 3개만으로 하루 필요량의 1/3을 섭취할 수 있다. 서양요리에서도 표고버섯은 많이 사용되며 핵산이 많이 들어있어 조미를 하지 않아도 맛이 좋다.

④ 팽이버섯

팽이버섯은 활엽수인 팽나무, 뽕나무, 포플러, 감나무, 아카시아나무 등 활엽수의 썩은 고목 그루터기에서 자생한다. 비타민 D의 전구체인 에르고스테롤이 함유되어 있는 것이 특징으로 갓이 작고 가지런한 것이 최상품이다.

⑤ 송로버섯

세계 3대 진미의 하나로 알려진 송로버섯은 생김새가 울퉁불퉁한 색다른 버섯이다. 프랑스산의 검은 송로버섯이 널리 알려져 있으나 이탈리아에는 흰색도 있다. 떡갈나무 뿌리의 흙속에서 자라나며 강한 향기가 있으므로 암퇘지의 후각을 이용해서 찾아내기도 한다. 수확기는 가을부터 겨울 사이이며 상하기 쉬우므로 보통 통조림으로 만든다. 하지만 뛰어난 향기를 맛볼 수 있는 것은 역시 생것이다. 신선한 것이면 1~3조각만 넣어도 요리 전체에 향기가 가득 밴다. 송로버섯은 가격이 매우 비싸서 고급 요리에만 이용되고 있으며 식탁의 다이아몬드로 불릴 만큼 매우 강한 향을 지녀서 다른 재료와 섞이면 그 재료에 향을 옮긴다.

송이버섯

느타리버섯

표고버섯

팽이버섯

3) 버섯류의 선택요령

버섯을 선택하는 요령은 표면에 윤기가 있는 것, 신선하고 탄력이 있으면서 특유의 향기가 나는 것이 좋다. 병충해나 상해 또는 기형 등의 피해 흔적이 없는 것과 품종 고유의 모양으로 균일하며, 두께가 두꺼운 것이 좋은 버섯이다.

4) 버섯류의 조리방법

버섯을 조리할 때는 밑뿌리를 떼어내고 갓을 깨끗이 닦는다. 더러움이 심할 때는 조리하기 직전에 빨리 씻어내고 곧 물기를 뺀다. 버섯은 물 속에 집어넣고 씻으면 풍미가 떨어지므로 되도록 깨끗한 행주로 가볍게 닦는 것이 좋다. 생으로 샐러드에 쓸 때는 변색하기 쉬우므로 자르면 곧바로 레몬즙을 뿌려 놓아야 한다. 통조림도 많이 보급되고 있으나 쫄깃쫄깃한 맛은 비교도 되지 않는다. 송로버섯은 조리할 때는 붙어 있는 흙을 물 속에서 솔로 잘 씻어내고 껍질을 벗겨 쓴다. 벗긴 껍질도 풍미를 내는 데 이용할 수 있다. 열에 약해서 강한 열을 사용하지 않아야 향기가 유지된다. 한정된 짧은 기간 동안이기는 하지만 유럽에서도 야

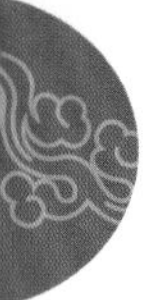

생버섯이 더러 나온다. 그 중에서도 봄이 끝날 무렵의 학버섯(삿갓버섯), 여름부터 가을까지의 살구버섯과 꿩버섯은 일품이다. 살구버섯은 조직이 매끈매끈하고 향기가 좋으며, 학버섯은 가장 섬세한 맛을 지니고 있는 버섯이다. 이러한 야생버섯은 벌레가 많으므로 상한 부분을 잘라내고 흐르는 물로 깨끗이 씻어낸다. 생버섯을 구하기 힘들 때는 마른 것을 사용해도 좋다. 말린 표고버섯과 마찬가지로 물에 담가 연하게 해서 사용한다. 학버섯과 꿩버섯은 건조품이 수입되고 있지만 값이 비싸므로 표고버섯이나 나팔버섯, 송이버섯의 날 것을 대용으로 쓰는 것이 좋다.

5) 버섯류의 보관법

버섯은 더운물에 버섯을 넣고 끓인 후 식혀서 용기에 굵은 소금을 버섯과 번갈아 깔면서 그 위에 버섯 삶은 물을 붓고 성분 유출을 막기 위해 공기를 차단하는 염장법, 씻은 버섯을 살짝 데친 후 식혀서 비닐봉지에 삶은 물과 함께 냉동시키는 냉동법, 버섯 밑둥을 떼어내고 먼지를 제거한 후 햇볕에 말려 수분 함유량이 5% 이하가 됐을 때 비닐봉지에 건조제를 넣고 보관하는 건조법, 씻은 버섯을 병에 넣고 물을 병 입구까지 부어서 압력솥에 30분간 끓인 후 압력이 빠지면 뚜껑을 닫아 식힌 후 그대로 보관하는 병조림보관법이 있다.

(6) 해조류

1) 해조류의 정의

바다에서 나는 조류를 통틀어 해조류라고 한다. 해조류는 뿌리, 줄기, 잎 등의 구별이 확실하지 않고 잎과 뿌리로 되어 있으며, 대체적으로 클로로필을 함유한다. 광합성 작용을 해서 독립적으로 영양을 섭취하는 하등동물로서 기원전 3,000년경부터 식용해 온 것으로 추정되는데, 서양보다는 동양에서 주로 이용되어왔다.

2) 해조류의 종류

① 김

김은 겨울철에 생산되는 김이 가장 품질이 좋고, 단백질 함량도 높다. 김 한 장에 달걀 2개분의 비타민 A가 함유되어 있으며, 비타민 B_1, 비타민 B_2, 비타민 C, 비타민 E 등의 비타민류가 많은 식품으로 지방성분은 적은 편이지만 단백질, 마그네슘, 인, 아연, 철분 등이 다량 함유되어 있는 식품이다. 김은 단백질 소화흡수가 잘되고 동백경화를 방지하는 성분이 있다.

② 톳

톳은 파도가 거친 얕은 수심의 암초상이나, 얕은 해안선 부근에 널리 서식한다. 톳은 녹미채라고도 한다. 톳은 칼슘, 칼륨, 인, 철 등의 무기질이 다량 함유되어 있으며, 그 중 칼륨은 해조류 중에서도 100g 당 4.4g으로 매우 많으며 알칼리성 식품이다. 현미밥에는 톳을 곁들이는데 이는 부족한 칼슘을 보충해 주므로 균형있는 식단을 만들어 줄 수 있다.

③ 다시마

다시마는 다년생 조류로 수명은 2~3년이고, 채취 시기는 2년생일 때가 가장 맛이 좋다. 다시마의 품질이 가장 좋은 시기는 7월 중순부터 9월 상순이 최적기이다. 다시마는 바다의 채소라고 불릴 정도로 무기질 함유량이 높으며, 장수를 상징하기도 한다. 다시마의 끈끈한 성분은 알긴산으로 혈액 중 중성지방이나 콜레스테롤 수치를 저하시키며, 당분의 흡수력을 떨어뜨려 혈당치가 급격히 높아지는 것을 막아 당뇨병 치료 및 예방에 탁월한 효과가 있다. 하지만 다시마와 미역은 몸을 차게 하는 식품이므로 빈혈이 있는 사람은 너무 많이 섭취하면 좋지 않다.

④ 미역

미역은 대황 등과 같이 갈조식물 다시마목에 속하며, 큰 잎과 굵은 줄기, 뿌리를 가지고 있다. 미역은 요오드와 인의 함량이 높으며, 칼슘함량은 분유와 거의 비슷할 정도로 많아 강알칼리식품으로 분류된다. 미역에는 갑상선 호르몬인 티록신(요오드)이 함유되어 있어 심장과 혈관의 활동, 체온과 땀을 조절하고, 신진대사가 왕성한 임산부에게는 평소보다 많은 요오드가 필요하다. 요오드의 공급이 부족하면 비만의 원인이 되기도 한다. 또 미역과 다시마 속에는 염기성 아미노산인 라이신이 있어 혈압을 내리게 하는 작용이 있다.

⑤ 파래

파래는 세계적으로 약 15종이 분포하며, 전부 식용으로 사용한다. 50% 이상이 당질이며, 철, 칼슘 등의 무기질과 특히 비타민 C가 많다. 파래 특유의 향기는 디메틸설파이드 때문이다. 종류로는 납작파래, 갈파래, 청자파래, 잎파래, 가시파래 등이 있다.

김 톳 다시마 미역

3) 해조류의 선택요령

해조류는 종류별로 특징이 다르기 때문에 고유한 특징이 잘 살아 있는 제품을 선택하는 것이 좋다. 김은 고유의 흑색이 나고 광택이 선명한 것이 최고제품이다. 톳은 진한 갈색빛을 띠고, 뿌리는 얽힌 섬유상으로 잘 발달한 것이 좋다. 다시마는 빛깔이 검고 흑색에 가까운

녹갈색을 띈 것이 좋다. 반듯하게 겹쳐서 말린 것으로 잘 말라 빳빳하면서 두꺼울수록 질이 좋은 것이다. 다시마의 하얀 가루는 만니트(mannit)라고 하는데 다시마의 겉에 하얗게 가루가 앉은 것이 질이 좋으며 빛깔이 붉게 변한 것이나 잔주름이 간 것은 좋지 않은 것으로 취급한다. 생미역은 반투명 하며 녹색을 띠는 것, 말린 미역은 줄기가 가늘고, 광택이 있으면서 검푸른 색을 내는 것이 좋다. 미역을 물에 담갔을 때 너무 풀어지는 것은 좋지 않은 제품이다.

4) 해조류의 조리방법

해조류는 습기가 많은 여름철에는 눅눅해지기 쉬우므로 구워서 바로 사용하는 것이 좋다. 소금 섭취량이 많은 우리나라 사람은 해조류에 소금을 뿌려 먹는 것을 자제해야 한다. 바닷물의 염분 때문에 소금기가 약 3% 정도 함유되어 있어 소금을 안 넣고 섭취해야 제 맛을 음미할 수 있고, 성인병 예방에도 좋다. 조리방법으로는 무침, 튀김, 국물요리, 쌈 등이 적합하다. 요즘에는 전이나 국수, 수제비 등에도 많이 이용된다.

5) 해조류의 보관법

해조류는 날것이나 2차 가공품, 건조, 염장법으로 저장되는데 제일 많이 이용되는 방법은 채취한 즉시 햇볕에 건조시켜 냉장 온도에서 저장하는 방법을 가장 많이 이용한다. 직사광선과 습기 찬 곳은 피하고, 서늘하고, 통풍이 잘 되는 곳에서 보관하면 6~7개월 정도 보존이 가능하다. 다시마는 채취한 즉시 햇볕에 건조시켜 냉장 온도에서 저장한다. 이때 건조시킨 다시마를 저녁에 거두어 실내에 쌓아놓고 짚으로 덮는다. 이 방법을 여러 번 반복한 후 마지막으로 펼쳐 눌러서 평평하게 편다. 건조를 끝낸 것은 일정한 크기로 접거나 절단해서 저장하거나, 진공포장을 해서 냉장고에 보관을 하면 오래 보존할 수 있다.

6. 시대별 음식문화

(1) 삼국시대

삼국시대에 완숙된 철기문화를 흡수하여 생산 기술에 혁신을 가져와 농업이 정착되었고 쌀밥이 주식으로 정착하고 시루에 찐 떡이 발달하게 되었다. 불교가 들어와 살생을 금하고 육식을 못하는 계율로 식생활에 많은 변화가 왔다. 조미료는 장(醬)이 본격적으로 확산되었고 꿀과 기름도 사용되었다. 김치가 부식으로 중요한 위치를 차지하게 되었는데 간장, 된장 또는 젓갈 등에 절여 만든 짠지의 일종이었다. 〈삼국지〉 위지 동이전 고구려조에서 '고구려 사람은 장양(醬釀)을 잘한다.' 고 소개되어 있다.

(2) 통일신라시대

삼국시대에 중국문화와 불교문화가 들어왔으며 7세기경 삼국이 통일되었다. 통일신라시대에는 외국과 교류가 활발해지고 국내에서는 지방 간의 교류가 활발하여 식생활이 다양해졌다. 왕권 사회이므로 지배계급과 서민의 생활 정도가 차이가 많이 났다. 계층 간의 차이에 따라 상류층은 문화행사나 연회 등을 통해 사치스럽고 호화스러운 식생활을 누렸다. 불교의 융성으로 차를 마시는 풍습이 유행하였다.

(3) 고려시대

고려시대 전반기에는 농사를 권장하여 농산물의 생산이 늘어나 곡물을 비축하는 제도가 실시되었다. 찹쌀로 만든 약밥에 대한 기록이 〈삼국유사〉, 〈목은집〉에 나오고, 팥죽과 두부에 대한 기록도 나온다. 차 문화의 발달과 함께 과정류가 발달하고 떡의 조리기술이 고도로 발달하게 된다. 고려는 대외무역이 활발하여 사신의 영접이나 상인의 접대를 위한 연회가 빈번하였다. 이로 인해 식기와 음식 등 식생활 문화가 발전하는 계기가 된다. 중기 이후에는 무관의 세력이 승려보다 강해져 음식문화에도 변화가 생겼다. 육식의 습관이 대두되었으며, 몽고의 침입과 원나라와의 교류가 빈번해지면서 설탕, 후추, 포도주 등이 교역품으로 들어왔다. 공탕(空湯)과 찐빵의 일종인 상화(霜花)와 소주가 들어왔다. 당시 몽고군이 주둔하였던 개성, 안동, 제주 등이 지금까지도 소주의 명산지로 꼽힌다. 수도인 개경(지금의 개성)은 경제·문화의 중심지였고, 왕조의 영향으로 화려하고 정성이 많이 가는 음식이 전통적으로 전해져 내려와 현재에도 개성음식은 솜씨가 빼어난 곳으로 꼽히고 있다. 고려시대의 문헌에는 두부, 김치, 장아찌, 술, 차, 유밀과, 다식에 대한 기록이 많이 나오는 것으로 미루어 보아 상류 계층의 식생활은 상당히 높은 수준이었을 것으로 추측된다. 간장, 된장, 술, 김치 등 저장 음식의 조리법이 다양해져서 '한국음식 조리의 완성기' 라고 할 수 있다.

(4) 조선시대

조선시대 초기에는 곡물 생산, 사대주의, 숭유배불정책을 삼대 국시로 삼았다. 음다(飮茶) 풍습이 쇠퇴되어 차 대신 숭늉이나 막걸리를 음용하게 되었다. 숭유제도에 의해 상차림의 규범화가 정착되었고 한식이 발달하게 되었다. 중기 이후에는 식생활에 큰 변화가 생겼다. 남방으로부터 감자, 고추, 호박, 옥수수, 고구마, 땅콩 등이 전래되었다. 이들 식품의 원산지는 거의가 아메리카 신대륙 이였다. 고추의 전래는 우리나라 음식 특징을 급격하게 바꾸어 놓았다. 고추를 여러 가지 음식의 양념으로 이용하게 되었고, 고추장, 김치에도 도입하게 되어 오늘날 우리나라 음식의 특징인 매운맛과 선명한 붉은 빛깔이 나타나게 되었다. 조선시대는 고려시대에 비해 식품의 종류가 다양해지고 조리법은 고려시대를 이어받아 17세기에

즈음하여 더욱 다듬어져 상차림의 형식도 세워지게 되었다. 조선시대 말기는 '한국음식의 절정기' 로 한국음식이 가장 발달된 시기라고 할 수 있다.

7. 조선시대 한국음식의 분류

(1) 궁중음식

궁중음식(宮中飮食)은 전국에서 진상된 최고의 식재료를 가지고 조리기술이 능숙한 주방나인과 대령숙수(待令熟手)들에 의해 개발·전승되어 온 한국을 대표하는 격식 있는 음식이다. 조선시대 궁중음식의 역사는 각종 의궤(儀軌), 궁중의 음식발기, 왕조실록 등 기록을 통하여 상차림, 조리기구, 기명, 음식의 이름과 재료 등을 알 수 있다. 중국에서 들어온 음식법도 적절히 받아들였다. 궁에서는 평상시 수라상을 차리는 일 외에도 왕과 왕비, 왕족의 생일, 혼인 때 진작, 진연상(進宴床), 진찬의 크고 작은 잔치를 베푸는 의식이 많았다. 또 외국사신 영접식, 기례식, 제례상 등의 의식에서도 다양하게 차렸다. 오늘날 궁중음식이 반가음식, 일반음식과 크게 다르지 않은 것은 왕가와 사대부(士大夫)가의 혼인을 통해 궁중의 음식이 민가에 전해지고 민가에서도 궁중에 진상하는 교류를 통해 전해지게 되었다.

(2) 반가음식

반가음식(班家飮食)은 서민이 아닌 양반(兩班) 집안의 음식을 말한다. 조선시대 사회계급은 사(士)·농(農)·공(工)·상(商)으로 나뉘며 양반은 사족(士族)에 해당한다. 궁중을 출입하고 왕가와 친척 관계가 있으므로 궁의 식생활을 본받아 자연히 품위를 갖추고 사치스러울 수 밖에 없었다. 궁의 혼인 제도는 반가에서 왕비, 세자빈을 간택하고 공주·옹주는 반가로 시집보내니 그에 따라 왕가의 풍속을 이어가게 되었다. 대갓집의 음식 솜씨는 시어머니, 며느리, 손주 며느리의 손에서 손으로 전해진다. 또 필사본으로 음식 만드는 법을 적은 것이 아직까지도 전승되므로 바로 전통 음식이라 할 수 있어 우리에게 귀중한 자료가 된다. 반가음식은 평소 여자들이 만들었으나 잔치나 제사 때는 남자 숙수(熟手)들이 일을 하고, 찬방에는 찬모(饌母), 반모(飯母), 무수리, 비자들이 일을 하고 주인은 총감독을 하였다.

(3) 향토음식

한반도는 남북으로 길게 뻗어 있고 중앙에는 척추와 같은 산맥이 남북으로 뻗어있다. 동·서·남 지역 삼면이 바다를 면하고 있고 큰 산맥에서 흘러내리는 크고 작은 강이 바다로 흐르는 형상으로 평야가 펼쳐져 있다. 각 지역 마다 기후·기온·자연환경이 다르므로 고을마다 서식하는 생물이 다양하고 풍부하다. 향토음식(鄕土飮食)은 각 지방마다 현지의 특산물로 만들어 먹는 음식이다.

향토음식의 형태는 첫째, 그 지역에서만 생산되는 식재료를 그 지역 사람들만의 조리법으로 요리하는 순수한 향토음식이 있다. 둘째, 다른 지역에서 생산되는 특산품을 도입하여 조리법을 특별히 마련해서 만드는 향토음식이다. 셋째, 각 지역마다 만드는 음식이지만 조리법이 특색이 있는 별미음식이 있다.

1) 서울

조선시대 초기부터 500년 이상 도읍지였기 때문에 그 영향으로 조선시대 음식의 특징이 남아 있다. 서울음식은 간이 맵지도 짜지도 않은 적당한 맛을 지니고 있다. 왕족과 양반이 많이 살던 고장이라 격식을 중요시 하고 맵시를 중히 여기며, 의례적인 것을 중요시 하였다. 양념은 곱게 다져서 쓰고, 음식의 양은 적으나 가짓수를 많이 만든다. 북쪽지방의 음식이 푸짐하고 소박한데 비하여 서울음식은 모양을 예쁘고 작게 만들어 멋을 많이 낸다. 궁중음식이 양반집에 많이 전해져서 서울음식은 궁중음식과 비슷한 것도 많이 있으며 반가음식도 매우 다양하였다. 서울지방은 자체에서 나는 산물은 별로 없으나 전국 각지에서 생산된 여러 가지 재료가 수도인 서울로 모였기 때문에 이것들을 다양하게 활용하여 사치스러운 음식을 만들었다. 외국 사신들의 왕래도 빈번하여 화려한 멋과 의례를 중시하는 풍습이 음식에 나타나 있다. 특히 떡 모양에 기교를 부려 한 입에 먹을 수 있는 크기로 작고 앙증맞게 빚었으며 정성을 담아 손이 많이 간다. 각 지역별 음식 중 서울, 개성, 전주의 음식이 가장 화려하고 다양하다.

2) 경기도

한반도의 중심부에 위치하고 있으며 서해안에는 해산물이 풍부하고, 동쪽의 산간지대는 산채가 많다. 경기, 김포, 평택평야 등은 토질이 비옥하여 전반적으로 밭농사와 벼농사가 활발하여 여러 가지 식품이 고루 생산되는 지역이다. 개성을 제외하고 경기음식은 전반적으로 소박하며 수수하고 양이 많은 편이다. 서울과 비슷하여 간이 세지도 약하지도 않고 양념도 많이 쓰지 않는다. 강원도, 충청도, 황해도와 접해 있어 공통점이 많고 음식이름도 같은 것이 많다. 농촌에서는 범벅이나 풀떼기, 수제비 등을 호박, 강냉이, 밀가루, 팥 등을 섞어서 구수하게 잘 만든다. 주식은 오곡밥과 찰밥을 즐기고 국수는 맑은 장국보다는 제물에 끓인 칼국수나 메밀칼싹두기와 같이 국물이 걸쭉하고 구수한 음식이 많다. 충청도와 황해도 지방에서도 많이 하는 냉콩국은 이 지방에서도 잘 만드는 음식이다. 개성은 고려시대의 수도였던 까닭에 그 당시의 음식 솜씨가 남아 서울, 전주와 더불어 우리나라에서 음식이 가장 호화롭고 다양한 지역이다. 개성음식은 궁중요리에 비길 만큼 사치스럽다.

3) 전라도

한반도의 서남쪽에 위치하고 있으며 이 지역의 대표적인 고을인 전주와 나주의 이름을 빌어 만든 합성어인 만큼 기름진 호남평야의 풍부한 곡식과 각종 해산물, 산채 등 다른 지방에 비해 산물이 많아 음식의 종류가 다양하며, 음식에 대한 정성이 유별나고 사치스러운 편이다. 전라도의 지형은 동고서저와 북고남저의 계단식을 이루고 있어서 노령산맥과 소백산맥 사이에 있는 고원과 분지에서 인삼, 고추를 비롯한 밭작물과 고랭지 채소가 산출되고 산수유, 오미자, 당귀 등의 약초와 원추리, 고사리 등의 산나물과 버섯류가 다양하게 생산된다. 전라북도는 국내 유수의 곡창지대로 만경강과 동진강 유역에 펼쳐지는 호남평야는 백제시대에 이미 벽골제가 구축되었을 정도로 예부터 국가적으로 중요시 되어왔다. 전라남도는 바다를 접하고 있어 풍부한 수산물을 얻을 수 있으며 해초, 미역, 김 등의 해조류가 양식되며 생강, 감, 유자 등의 특산물이 있다. 전라도 지방은 전주와 광주를 중심으로 음식문화가 발달하였으며, 음식의 사치스럽기가 서울, 개성지방과 함께 손꼽힌다. 특히 전주는 조선왕조 전주 이씨의 본관이 되고 광주, 해남 등 각 고을마다 부유한 토박이들이 대를 이어 살았으므로 좋은 음식을 가정에서 대대로 전수하여 풍류와 맛이 개성과 맞먹는 고장이라 하겠다. 전라도지방의 상차림은 음식의 가짓수가 전국에서 단연 제일로, 상위에 가득 차리므로 처음 방문한 외지사람들은 매우 놀란다. 남해와 서해에 접해 있어 특이한 해산물과 젓갈이 많으며, 독특한 콩나물과 고추장의 맛이 좋다.

4) 경상도

신비의 가야문화, 천년 왕조의 찬란한 신라의 불교문화, 선비정신의 유교문화 등이 조화를 이룬 곳이다. 우리나라의 동남부인 경상도는 고려 때 이 지방의 대표적 고을인 경주와 상주 두 지방의 머리글자를 합하여 만든 것으로 남해와 동해에 좋은 어장을 가지고 있어 해산물이 풍부하고, 남북도를 크게 굽어 흐르는 낙동강 주위의 기름진 농토에서 농산물도 넉넉하게 생산된다. 이곳에서는 고기라고 하면 물고기를 가리킬 만큼 생선을 많이 먹고, 해산물 회를 제일로 친다. 음식은 멋을 내거나 사치스럽지 않고 소담하게 만든다. 싱싱한 생선에 소금 간을 해서 말려서 굽는 것을 즐기고 생선으로 국을 끓이기도 한다. 곡물음식 중에는 국수를 즐기며, 밀가루에 날콩가루를 섞어서 반죽하여 홍두깨나 밀대로 얇게 밀어 칼로 썰어 만드는 칼국수를 제일로 친다. 장국의 국물은 멸치나 조개를 많이 쓰고, 제물국수를 즐긴다. 음식의 맛은 전라도와 더불어 얼얼하도록 맵고 대체로 간이 세고 매운 편이다. 경상도 음식은 멋을 내거나 사치스럽지 않고, 소담하게 만들지만 방아잎과 산초를 넣어 독특한 향을 즐기기도 하며, 싱싱한 생선은 회 뿐만 아니라 소금 간을 하여 구이, 찜, 국을 끓이기도 한다.

5) 충청도

선사시대부터 사람들이 정착했던 땅으로 마한의 중심지이며 백제에 속한 지역으로 백제문화의 꽃을 피웠던 지역이다. 충청도에서는 쌀, 보리 등의 곡식과 무, 배추, 고구마 등의 채소가 많이 생산된다. 또 해안지방은 해산물이 풍부하며 내륙 산간지방에서는 산채와 버섯 등이 난다. 옛 백제의 땅인 이 지방은 오래 전부터 쌀이 많이 생산되고 그와 함께 보리밥도 즐겨 먹는다. 죽, 국수, 수제비, 범벅 종류의 음식이 흔하며, 늙은 호박을 요리에 주로 사용하여 호박죽이나 꿀단지, 범벅을 만들거나 떡에 사용하기도 한다. 굴이나 조갯살로 국물을 내어 날 떡국이나 칼국수를 끓이며 겨울에는 청국장을 즐겨 먹는다. 충청도 음식은 사치스럽지 않고 양념도 많이 쓰지 않는다. 국물을 내는 데는 고기보다는 닭 또는 굴, 조개 같은 것을 많이 쓰며 양념으로는 된장을 즐겨 쓴다. 경상도 음식처럼 매운 맛도 없고 전라도 음식처럼 감칠맛도 없으며 서울 음식처럼 눈으로 보는 재미도 없으나 담백하고 구수하며 소박하다. 또한 충청도 사람들의 인심을 반영하듯 음식의 양이 많은 편이다.

6) 강원도

우리나라 동쪽에 위치한 지역으로 높이 1,000m의 태백산맥이 북에서 남으로 뻗어 있어 그 분수령을 기점으로 동쪽은 영동 또는 관동, 서쪽은 영서로 나뉘고 영동과 영서 지방은 대관령, 진부령, 한계령의 고개를 통하여 서로 연결된다. 일반적으로 지대가 높기 때문에 같은 위도상의 경기도 지역에 비하여 약간 한랭한 편으로 영동과 영서 지방 사이에는 기후의 특색이 뚜렷이 구별된다. 영동지방에 비해 영서지방의 기온교차가 더 크다. 지형은 동쪽이 높고 서쪽이 낮아 완만하게 경사를 이룬다. 기후와 지형이 지역에 따라 다르기 때문에 식생활에도 차이가 크며 영동지방과 영서지방에서 나는 산물이 많이 다르고 산악지방과 해안지방도 크게 다르다. 영동 해안지방은 싱싱한 해산물의 종류가 풍부하여 어패류를 이용한 회, 찜, 구이, 탕, 볶음, 젓갈, 식해 등의 음식이 많다. 해조류를 이용한 쌈, 튀각, 무침과 밑반찬에서 상비 식품까지 생선을 많이 이용하고 있다. 요즈음은 대관령 부근의 횡계에서는 목축이 성행하고 무, 배추 등의 고랭지 채소와 당근, 셀러리, 씨감자를 공급하고 있다. 영서지방은 지형이 높으므로 주식으로 감자, 옥수수, 밀, 보리 등의 밭작물을 많이 이용하고 있어서 감자와 옥수수를 이용한 음식이 많다. 또 메밀로 만든 국수, 만두, 떡과 감자, 옥수수, 조, 고구마 등을 섞어 지은 잡곡밥도 있다.

7) 제주도

섬나라라는 뜻의 도이, 섭라, 탐모라, 탐라 등의 옛 지명을 가지고 있다. 섬이라는 지리·환경적 특수성으로 인해 육지와 다른 의식주 생활, 신앙, 세시풍속 등 독특한 민속문화를 가지고 있다. 땅은 넓지 않지만 어촌, 농촌, 산촌의 생활방식이 서로 차이가 있다. 농촌에서는

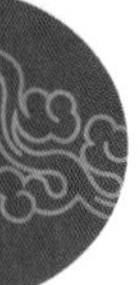

농업을 중심으로 생활하였고 어촌에서는 해안에서 고기를 잡거나 잠수어업을 주로 하고 산촌에서는 산을 개간하여 농사를 짓거나 한라산에서 버섯, 산나물을 채취하여 생활하였다. 쌀은 거의 생산하지 못하고 콩, 보리, 조, 메밀, 밭벼 같은 잡곡을 생산한다. 제주도는 무엇보다도 감귤이 유명한데, 삼국시대부터 재배하여 전복과 함께 임금님께 진상품으로도 올렸던 제주의 특산물이다. 제주도 음식은 생선, 채소, 해초가 주된 재료이며, 된장으로 맛을 내고, 생선으로 국을 끓이고 죽을 쑨다. 편육은 주로 돼지고기와 닭으로 한다. 제주도 사람의 부지런하고 꾸밈없는 소박한 성품은 음식에도 그대로 나타나서 음식을 많이 차리거나 양념을 많이 넣거나 또는 여러 가지 재료를 섞어서 만드는 것은 별로 없다. 각각의 재료가 가지고 있는 자연의 맛을 그대로 살리는 것이 특징이다. 간은 대체로 짠 편인데 더운 지방이라 쉽게 상하기 때문인 듯하다. 겨울에도 기후가 따뜻하여 배추가 밭에 남아 있을 정도여서 김장을 담글 필요가 없고 담가도 종류가 적으며 짧은 기간 동안 먹을 것만 조금씩 담근다.

8) 황해도

북쪽 지방의 곡창지대인 연백평야와 재령평야는 쌀 생산이 많고 잡곡의 질이 좋은 지역이다. 곡식의 질이 좋아서 가축의 사료가 좋아 돼지고기, 닭고기의 맛이 유별하다. 해안 지방은 조석간만의 차가 크고 수심이 낮으며 간석지가 발달해 소금의 생산이 많다. 황해도는 인심이 좋고 생활이 윤택한 편이어서 음식을 한 번에 많이 만들며, 음식에 기교를 부리지 않고 구수하면서도 소박하다. 송편이나 만두도 큼직하게 빚고, 밀국수도 즐겨 만든다. 간은 짜지도 싱겁지도 않아, 충청도 음식과 비슷하다. 남매국, 호박지찌개, 연안식해, 냉콩국수, 돼지족조림 등이 유명하다.

9) 평안도

동쪽으로는 산이 높아 험하지만 서쪽은 서해안에 면하여 해산물도 풍부하고, 넓은 평야로 곡식도 풍부하다. 옛날부터 중국과의 교류가 많은 지역으로 평안도 사람은 진취적이고 대륙인 성품을 가지고 있다. 따라서 음식도 먹음직스럽게 크게 만들고 양도 푸짐하게 많이 만든다. 곡물 음식 중에서는 메밀로 만든 냉면과 만두 등 가루로 만든 음식이 많다. 겨울에는 추위를 이겨내기 위해 기름진 육류 음식도 즐겨 하고, 밭에서 많이 나는 콩과 녹두로 만드는 음식도 많다. 음식의 간은 대체로 심심하고 맵지도 짜지도 않다. 평안도 음식으로 가장 널리 알려진 것이 냉면과 만두, 녹두빈대떡 등이다.

10) 함경도

한반도의 가장 북쪽에 위치하며, 험한 산골이 많고 동해 바다를 면하고 있어 음식 또한 독특하게 발달되었다. 곡식은 밭곡식이 많으며, 이남 지방의 곡식과는 달리 매우 차지고 맛이 구수하다. 고구마와 감자도 품질이 좋아서 녹말을 가라앉혀서 눌러 먹는 냉면같은 국수가 발달되었다. 함흥냉면은 녹말가루로 국수를 만들고, 특히 생선회를 맵게 비벼 먹는 독특한 음식이다. 다대기라는 말이 이 지방에서 나온 것으로 미루어, 고춧가루 양념이 애용되었다는 사실을 알 수 있다. 북쪽으로 올라갈수록 음식의 간은 세지 않고 맵지도 않으며 담백한 맛을 즐긴다. 또 음식의 모양도 큼직큼직하여 대륙적인 냄새가 많이 나고, 장식이나 기교가 적은 음식이 발달했다고 볼 수 있다. 함경도 음식으로 가장 널리 알려진 것은 함흥냉면, 순대, 가자미식해, 감자막가리만두, 동태순대, 북어전 등이다.

(4) 통과의례음식

사람이 출생하여 이승을 떠날 때까지 치르는 의식을 통과의례라 하는데, 동양 문화권에서는 인륜지대사라 하여 사례(四禮)를 치르는 일을 매우 중요하게 여긴다. 사례란 곧 관례, 혼례, 상례, 제례를 말하는데, 그 중에서 상례와 제례는 그 자손이 치르게 되는 의례이다. 여러 가지 의식 가운데 길한 일은 출생, 돌, 관례, 혼례, 회갑례, 회혼례 등이며, 궂은일은 상례와 제례가 있다. 모든 의식 절차는 의례법으로 정해져 있고, 모든 의식에는 빠짐없이 특별한 식품이나 음식을 반드시 차리는데, 거기에는 기원, 복원, 기복, 존대의 뜻이 깃들어 있다.

1) 관례

관례(冠禮)는 남자, 계례(笄禮)는 여자의 성년식을 말한다. 남아는 15~20세에 정월 중에 택일하여 장가를 가지 않았어도 행하였다. 관례란 어른이 되는 의례로 어른 옷을 입고, 머리는 올려 상투를 틀어 갓을 쓰는 의식을 행하였다. 여아는 시집을 가기 직전에 머리를 쪽 지고 비녀를 꽂는 예가 있다. 관례날을 택일하고 2~3일 전에 사당에 고유(告由)하는데 제수는 주(酒), 과(果), 포(脯) 또는 해(醢) 등으로 간소하게 차린다. 1895년 갑오경장 이후 단발령이 내려지면서 없어지게 되었다. 현재는 민법상으로 만 19세를 성년으로 하며, 5월 셋째 월요일을 '성년의 날'로 정하고 있다.

2) 혼례

혼례(婚禮)는 남녀가 부부의 인연을 맺는 일생일대의 가장 중요한 행사 중 하나이다. 신랑신부가 혼례식을 올릴 때 절을 하는 곳을 초례청(醮禮廳)이라고 한다. 지방이나 가정에 따라 다른데, 다리가 높은 붉은 상에 쌀, 팥, 콩 등의 곡물과 대나무, 사철나무와 청홍색초를 놓는다. 이러한 음식들을 차리고 절을 하므로 이를 교배상(交拜床)이라 한다. 먹는 음식으로는 떡과 과일류 외에는 차리지 않는다. 잔치에 온 손님들에게 장국상을 마련하여 대접한다. 혼례는 사례 중 하나이며 의혼(議婚), 납채(納采), 납폐(納幣), 친영(親迎)의 절차가 있으며 문명(問名), 납길(納吉)을 더하여 육례의 여섯 단계로 보기도 한다. 이 중에 납채는 신랑집에서

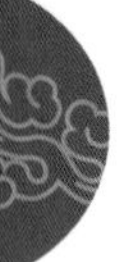

신붓집에 함을 보내는 절차로 봉채떡(혹은 봉치떡)이 사용된다. 납폐일에 신붓집에서는 함이 들어올 시간에 맞추어 북쪽으로 향한 곳에 돗자리를 깐 다음 상을 놓는다. 그리고 상 위에 붉은색 보를 덮은 뒤 다시 떡시루를 얹어 기다리다가 함이 들어오면 함을 시루 위에 놓고 북향재배를 한 후 함을 연다. 바로 이때 사용되는 떡이 봉채떡이다. 봉채떡은 찹쌀 3되, 팥 1되로 찹쌀시루떡 두 켜만을 안치되 위 켜 중앙에 대추 7개를 방사형으로 올린다. 봉채떡을 찹쌀로 하는 것은 '부부의 금실이 찰떡처럼 화목하게 귀착되라.' 는 뜻이며 떡을 두 켜로 올린 것은 부부 한 쌍을 상징하는 것이다. 또 붉은 고물은 벽화를, 대추 7개는 아들 7형제를 상징하여 남손번창(男孫繁昌)을 원했다.

또 붉은 고물은 벽화를 대추 7개는 아들 7형제를 상징하여 남손번창(男孫繁昌)을 원했다.

3) 상례

상례(喪禮)는 부모님이 돌아가셨을 때 자손들이 예를 갖추어 의식 절차에 따라 장사를 지내는 것을 말한다. 이승에서 마지막 음식으로 입에 버드나무 수저로 쌀을 떠 넣어 드리고 망인을 저승까지 인도하는 사자(使者)를 위해 사잣밥을 해서 대문 밖에 차린다. 입관이 끝나면 혼백상을 차리고 초와 향을 피운다. 주(酒), 과(果), 포(脯)를 차려놓고 상주는 조상(弔喪)을 받는다.

출상 때는 제물을 제기에 담아 여러 절차를 치르고 봉분을 하고 돌아와서는 상청을 차린다. 예전에는 만 2년간 조석으로 상식(上食)을 차려 올렸다. 특히, 초하루와 삭망은 음식을 더욱 정성껏 마련하고 곡성을 내고 제사를 지낸다. 상중에 돌아가신 분이 생신이나 회갑을 맞으면 큰 제사를 지낸다. 현재의 가정의례 준칙으로는 백일에 탈상을 한다.

4) 제례

제례(祭禮)는 가가례(家家禮)라 하여 집안이나 고장에 따라 제물과 진설법이 다르다. 제사에 차리는 제물은 주(酒), 과(果), 포(脯)가 중심이고 떡과 메, 갱, 적, 침채, 식혜 등 찬물을 놓는다. 제사란 자손이 생전에 못다 한 정성을 돌아가신 후에 효도로써 올리는 일이니 무엇보다 정성이 중요하다.

제상과 제기는 평상시에 쓰는 것과는 구별하여 마련한다. 제상은 다리가 높고 검은 칠을 한 상이고, 제기는 굽이 있는 그릇으로 나무, 유기, 백자 등으로 한 벌을 맞추어 마련한다. 신위를 모시는 독(櫝)을 넣는 교의(交椅)와 향로, 모사기, 향합, 퇴주기, 수저 등도 준비한다. 신위가 없을 때는 백지에 지방을 써서 병풍에 붙이고 제사 후 소지(燒紙)한다.

제상은 북향으로 놓고 뒤에 병풍을 치고 앞에 초석을 깔고 향상을 놓는다. 제기의 모양은 담는 음식에 따라 다르다. 메(밥)는 주발에 담고 갱은 깊이 있는 탕기에 건지만을 담으며, 전, 나물 등의 찬은 다리가 달린 쟁첩에 담고, 침채는 보시기에 담고, 간장, 초, 꿀 등은 종지에 담는다. 떡은 사각형의 편틀에 시루편을 아래 고이고 위에 송편, 화전, 주악 등 웃기떡을 올린다. 적은 적탈에 생선적, 쇠고기적, 닭적의 순으로 한 그릇에 쌓아 올려서 담는다.

(5) 시절음식

예부터 우리 조상들은 명절과 춘하추동 계절에 나는 새로운 음식을 즐겨 먹는 풍습이 있으며 다달이 있는 명절에 해먹는 음식을 절식(節食)이라 하고, 시식(時食)은 춘하추동 계절에 따라 나는 식품으로 만든 음식으로 이를 통틀어 시절식(時節食)이라 한다. 예부터 홀수이면서 같은 숫자로 되는 날을 큰 명절로 여겼는데 단일(端一), 단삼(端三), 단오(端午), 칠석(七夕), 중구(重九)가 있다.

(6) 사찰음식

불가에서는 살생을 금하므로 육식을 하지 않고 오직 땅에서 얻어진 것만을 음식으로 삼는다. 승려들의 식사를 발우공양(鉢盂供養)이라 한다. 발우공양의 예법은 매우 엄하다. 사람마다 바리때를 대, 중, 소로 포개지게 만든 나무 그릇과 발우전대(자루), 나무 수저 한 벌, 수저집 하나, 식지(食紙, 면지) 한 장을 가지고 개인적으로 관리·보관한다. 큰 수건은 냅킨, 작은 수건은 행주다. 음식은 밥, 국, 물, 찬을 네 그릇에 덜어 받고 조금도 남기지 않고 먹는다. 물을 마시고 나서 그 자리에서 모두 씻어 행주질하여 다시 전대에 담아 선반에 얹는다. 그릇은 절마다 비치되어 있어 스님은 어느 절에 가나 공양을 하고 자유롭게 발우를 쓸 수 있다. 그 예법은 매우 예의 바르고 검소하고 겸손하다. 사찰에서 쓰는 음식은 산짐승을 먹지 않고 오신채(五辛菜, 파·마늘·달래·부추·흥거)를 사용하지 않아 맛이 깔끔하고 정갈하다. 김치는 생강, 고추, 소금만으로 담는다. 채소 중에서도 산채를 주로 쓰고 김, 미역, 다시마를 많이 쓴다. 조리법은 여염집에서 하는 식대로 하고 식품만 식물성으로 제한한다.

8. 명절음식과 시절식

우리나라는 농경민족으로 자연을 숭상하고 계절과 절기에 맞추어 살아왔기에 명절풍속은 대부분 농사와 관련이 있다. 그리고 명절음식과 놀이 풍습에는 우리 민족의 자연숭배사상과 효의 정신이 깊이 스며 있으며, 갖가지 염원과 풍류 그리고 액을 예방하거나 몸을 보하기 위한 마음이 담겨 있다.

세시풍속이란 일상생활에 있어서 계절에 맞추어 관습적으로 되풀이 되는 풍속을 말하며, 이는 향토문화 현상으로 나타나거나 민족, 국민을 단위로 나타나는 현상이다.

춘하추동의 절기마다 궁, 서울, 시골 모두 시식을 차리는 풍습이 있었다. 대개는 농사의 월

령과 관계되는 세시풍속이 많다. 우리나라의 연중행사와 풍속과 시절식에 대해서는 유득공의 〈경도잡지〉와 〈한양세시기〉, 김매순의 〈열양세시기〉, 홍석모의 〈동국세시기〉에 나온다.

우리 조상들은 계절에 따라 좋은 날을 택하여 명절이라 정하고 갖가지 음식을 차려 조상에게 제사를 올리고 가족과 이웃 간의 정을 나누어 왔다. 설, 추석, 단오, 동지 등 큰 명절에는 음식을 푸짐히 마련한다. 농촌에서 바쁠 때는 협동을 다지고, 한가할 때는 생산물의 풍성한 수확, 액막이 및 건강 등을 염원하였고, 또 풍류를 즐기기도 하였다. 농번기인 여름철에는 일손이 바쁘기에 농한기에 명절을 즐긴다.

명절이나 속절에는 그날의 뜻을 새기기 위하여 제사를 지내거나 민속 전통 행사를 벌이고 즐기는데, 이때 반드시 뜻있는 음식을 만드는 전통이 전수되고 있다. 이것을 절식이라 한다. 현대에 일반적으로 지키는 명절은 설날과 한식, 단오, 추석이고 이날은 조상께 차례를 드린다.

차례음식으로는 설날에 떡국을 올리고 추석에는 송편을 제수로 만들어 올린다. 차례를 모시지 않는 속절은 정월 3일, 정월 대보름, 2월 초하루의 중화절, 3월 3일의 삼짇날, 4월의 초파일의 석가탄신일, 5월 5일의 단오절, 6월 보름의 유두절, 7월 7일의 칠석, 9월 9일의 중구절, 10월 상달의 고사, 11월의 동지절, 12월 납일의 납향 및 그믐날의 재석 등이다.

1) 절기의 의미와 시기

계절	절기	우리말이름	의미	음력달	양력달
봄	입춘(立春)	봄설	봄의 시작	정월	2월 4일 또는 5일
	우수(雨水)	비내림	비가 내리고 싹이 틈	정월	2월 19일 또는 20일
	경칩(驚蟄)	잠깸	개구리가 잠에서 깸	이월	3월 5일 또는 6일
	춘분(春分)	봄나눔	낮이 길어지기 시작	이월	3월 20일 또는 21일
	청명(淸明)	맑고밝은	봄 농사 준비	삼월	4월 4일 또는 5일
	곡우(穀雨)	단비	농사비가 내림	삼월	4월 20일 또는 21일
여름	입하(立夏)	여름설	여름의 시작	사월	5월 5일 또는 6일
	소만(小滿)	조금참	본격적인 농사의 시작	사월	5월 21일 또는 22일
	망종(亡種)	씨여뭄	씨 뿌리기	오월	6월 5일 또는 6일
	하지(夏至)	여름이름	낮이 가장 긴 시기	오월	6월 21일 또는 22일
	소서(小暑)	조금더위	여름 더위의 시작	유월	7월 7일 또는 8일
	대서(大暑)	한더위	더위가 가장 심한 때	유월	7월 22일 또는 23일
가을	입추(立秋)	가을설	가을의 시작	칠월	8월 7일 또는 8일
	처서(處暑)	더위머뭄	일교차 커짐	칠월	8월 23일 또는 24일
	백로(白露)	이슬맺힘	이슬이 내리기 시작	팔월	9월 7일 또는 8일
	추분(秋分)	가을나눔	밤이 길어지는 시기	팔월	9월 23일 또는 24일
	한로(寒露)	찬이슬	찬 이슬이 내림	구월	10월 8일 또는 9일
	상강(霜降)	서리내림	서리가 내리기 시작	구월	10월 23일 또는 24일
겨울	입동(立冬)	겨울설	겨울의 시작	시월 상달	11월 7일 또는 8일
	소설(小雪)	조금눈	얼음이 얼기 시작	시월 상달	11월 22일 또는 23일
	대설(大雪)	한눈	겨울 큰 눈이 옴	십일월 동짓달	12월 7일 또는 8일
	동지(冬至)	겨울이름	밤이 연중 가장 긴 때	십일월 동짓달	12월 21일 또는 22일
	소한(小寒)	조금추위	겨울 중 가장 추운 때	십이월 섣달	1월 5일 또는 6일
	대한(大寒)	많이추위	겨울 큰 추위	십이월 섣달	1월 20일 또는 21일

PART **3**

한식조리 실기

◆ 한식조리 직무의 정의

한식조리는 조리사가 메뉴를 계획하고, 식재료를 구매, 관리, 손질하여 정해진 조리법에 의해 조리하며 식품위생과 조리기구, 조리 시설을 관리하는 일이다.

◆ 한식조리 실기 출제기준

직무분야: 음식 서비스	**중직무분야:** 조리	**자격종목:** 한식조리기능사	**적용기간:** 2016.1.1 ~ 2018.12.31
직무내용: 한식조리 부분에 배속되어 제공될 음식에 대한 기초 계획을 세우고 식재료를 구매, 관리, 손질하여 맛, 영양, 위생적인 음식을 조리하고 조리기구 및 시설관리를 유지하는 직무 **수행준거:** 1. 한식의 고유한 형태와 맛을 표현할 수 있다. 2. 식재료의 특성을 이해하고 용도에 맞게 손질할 수 있다. 3. 한식 조리에 필요한 식재료의 분량과 양념의 비율을 맞출 수 있다. 4. 조리과정의 순서를 알고 적절한 도구를 사용할 수 있다. 5. 기초조리기술을 능숙하게 할 수 있다. 6. 완성한 음식을 적절한 그릇을 선택하여 담는 원칙에 따라 모양 있게 담을 수 있다. 7. 조리과정이 위생적이고, 정리정돈을 잘 할 수 있다.			
실기검정방법: 작업형		**시험시간:** 70분 정도	

실기과목명	주요항목	세부항목	세세항목
한식조리 작업	1. 기초조리작업	1. 식재료별 기초손질 및 모양썰기	1. 식재료를 각 음식의 형태와 특징에 알맞도록 손질할 수 있다.
	2. 음식별 조리작업	1. 밥류 조리하기	1. 주어진 재료를 사용하여 요구사항대로 밥류를 조리할 수 있다.
		2. 죽류 조리하기	1. 주어진 재료를 사용하여 요구사항대로 죽류를 조리할 수 있다.
		3. 면류와 만두류 조리하기	1. 주어진 재료를 사용하여 요구사항대로 면류와 만두류를 조리할 수 있다.
		4. 국과 탕류 조리하기	1. 주어진 재료를 사용하여 요구사항대로 국과 탕류를 조리할 수 있다.
		5. 전골과 찌개류 조리하기	1. 주어진 재료를 사용하여 요구사항대로 전골과 찌개류를 조리할 수 있다.
		6. 찜과 선류 조리하기	1. 주어진 재료를 사용하여 요구사항대로 찜과 선류를 조리할 수 있다.
		7. 생채류 조리하기	1. 주어진 재료를 사용하여 요구사항대로 생채류를 조리할 수 있다.
		8. 숙채류 조리하기	1. 주어진 재료를 사용하여 요구사항대로 숙채류를 조리할 수 있다.
		9. 전, 적, 튀김류 조리하기	1. 주어진 재료를 사용하여 요구사항대로 전, 적, 튀김류를 조리할 수 있다.
		10. 구이류 조리하기	1. 주어진 재료를 사용하여 요구사항대로 구이류를 조리할 수 있다.

한식조리 작업	2. 음식별 조리작업	11. 조림과 초류 조리하기	1. 주어진 재료를 사용하여 요구사항대로 조림과 초류를 조리할 수 있다.
		12. 볶음류 조리하기	1. 주어진 재료를 사용하여 요구사항대로 볶음류를 조리할 수 있다.
		13. 회류 조리하기	1. 주어진 재료를 사용하여 요구사항대로 회류를 조리할 수 있다.
		14. 마른찬류 조리하기	1. 주어진 재료를 사용하여 요구사항대로 마른찬류를 조리할 수 있다.
		15. 장아찌류 조리하기	1. 주어진 재료를 사용하여 요구사항대로 장아찌류를 조리할 수 있다.
		16. 김치류 조리하기	1. 주어진 재료를 사용하여 요구사항대로 김치류를 조리할 수 있다.
		17. 한과만들기	1. 주어진 재료를 사용하여 요구사항대로 한과를 만들 수 있다.
	3. 담기	1. 그릇 담기	1. 적절한 그릇에 담는 원칙에 따라 음식을 모양있게 담아 음식의 특성을 살려 낼 수 있다.
	4. 조리작업관리	1. 조리작업, 위생관리하기	1. 조리복·위생모 착용, 개인위생 및 청결 상태를 유지할 수 있다. 2. 식재료를 청결하게 취급하며 전 과정을 위생적으로 정리정돈하고 조리할 수 있다.

◆ 한식조리 실기 공통 유의사항

❶ 조리작품 만드는 순서는 틀리지 않게 하여야 한다.

❷ 숙련된 기능으로 맛을 내야 하므로 조리작업 시 음식의 맛을 보지 않는다.

❸ 채점 대상에서 제외되는 경우

- 가스레인지의 화구를 2개 이상 사용한 경우
- 불을 사용하여 만든 조리 작품이 작품 특성에 벗어나는 정도로 타거나 익지 않은 것
- 오작: 요리의 형태를 다르게 만들거나 해당과제의 지급재료 이외의 재료를 사용한 경우
- 미완성
  - 문제의 요구사항대로 작품 수량이 만들어지지 않은 경우
  - 요구 작품 두 가지 중 한 가지만 만들었을 경우
  - 주어진 시간 내에 완성하지 못한 경우

-제1장-

밥·죽 조리

NCS 분류번호 1301010102_14v2

밥, 죽 조리는 쌀을 주재료로 하는 쌀밥과 다른 곡류나 견과류, 채소류, 어패류 등을 섞어 물을 붓고 불의 강약을 조절하여 호화되게 하는 능력이다.

능력단위요소	수행준거
1301010102_14v2.1 밥·죽 재료 준비하기	1.1 쌀과 잡곡의 비율을 필요량에 맞게 계량할 수 있다. 1.2 쌀과 잡곡을 씻고 용도에 맞게 불리기를 할 수 있다. 1.3 조리방법에 따라서 쌀 등 재료를 갈거나 분쇄할 수 있다. 1.4 부재료는 조리방법에 맞게 손질할 수 있다. 1.5 돌솥, 압력솥 등 사용할 도구를 선택하고 준비할 수 있다.
1301010102_14v2.2 밥·죽 조리하기	2.1 밥과 죽의 종류와 형태에 따라 조리시간과 방법을 조절할 수 있다. 2.2 조리 도구, 조리법과 쌀, 잡곡의 재료특성에 따라 물의 양을 가감할 수 있다. 2.3 조리도구와 조리법에 맞도록 화력조절, 가열시간 조절, 뜸들이기를 할 수 있다.
1301010102_14v2.3 밥·죽 담아 완성하기	3.1 조리종류에 따라 그릇을 선택할 수 있다. 3.2 밥·죽을 따뜻하게 담아낼 수 있다. 3.3 조리종류에 따라 나물 등 부재료를 얹거나 고명을 올려낼 수 있다.

50분

비빔밥

"밥 위에 여러 가지 채소류, 나물류, 고기를 볶아 올려 한데 어울려 먹는 음식이며 궁중에서는 비빔 또는 골동반이라 하여 섣달그믐날에 만들기도 하였다."

1 채소, 소고기, 황·백지단의 크기는 0.3cm×0.3cm×5cm로 한다(단, 지급된 재료의 크기에 따라 가감한다).
2 호박은 돌려깎기하여 0.3cm×0.3cm×5cm로 한다.
3 청포묵의 크기는 0.5cm×0.5cm×5cm로 한다.
4 밥을 담은 위에 준비된 재료들을 색 맞추어 돌려 담는다.
5 볶은 고추장은 완성된 밥 위에 얹어 낸다.

1 밥은 질지 않게 짓는다.
2 지급된 소고기는 고추장볶음과 고명으로 나누어 사용한다.

재료

01 주재료

- 쌀 ······ 150g
- 애호박 ······ 60g
- 도라지 ······ 20g
- 고사리 ······ 30g
- 청포묵 ······ 40g
- 소고기 ······ 30g
- 건다시마(5cm×5cm) ······ 1장
- 달걀 ······ 1개
- 고추장 ······ 40g
- 식용유 ······ 30mL
- 대파(4cm) ······ 1토막
- 마늘 ······ 2쪽
- 진간장 ······ 15mL
- 백설탕 ······ 15g
- 깨소금 ······ 5g
- 검은 후춧가루 ······ 1g
- 참기름 ······ 5mL
- 소금 ······ 10g

02 약고추장

- 고추장 ······ 1큰술
- 설탕 ······ 2/3큰술
- 다져 양념한 고기 ······ 10g
- 물·참기름 ······ 약간

03 양념(소고기, 고사리)

- 간장 ······ 1큰술
- 설탕 ······ 1작은술
- 다진 대파·마늘 ······ 1작은술
- 후추·깨소금·참기름 ······ 약간

만드는 방법

1 **재료 준비하기** | 재료는 깨끗이 씻어서 준비한다.

2 **밥하기** | 불린 쌀은 물기를 뺀 후 쌀과 물이 1 : 1.2 정도로 냄비에 앉힌다(10분 후 끓음). 중불로 4~5분 유지한 후 약불로 4~5분 동안 뜸을 들인다. 5~10분 후 그릇에 담는다.

3 **양념장 만들기** | 파와 마늘은 곱게 다져서 1/2은 양념장을 만들고 1/2은 도라지, 호박 볶는 용으로 사용한다.

4 **애호박 썰기** | 돌려깎기하여 0.3cm×0.3cm×5cm로 채 썰어 소금을 살짝 뿌려 절인 후 물기를 짜 둔다.

5 **도라지 썰기** | 껍질을 돌려 깐 뒤 애호박과 같은 크기로 썰어 소금을 뿌려 물을 약간 넣고 주물러 씻어 쓴맛을 뺀다.

6 **소고기 채썰기와 다지기** | 소고기의 2/3는 채썰고, 1/3은 다져서 양념하여 약고추장에 사용한다.

7 **청포묵 썰기** | 0.5cm×0.5cm×5cm로 채썰어 끓는 물에 살짝 데치고 찬물을 끼얹어 물기를 뺀 후 소금, 참기름으로 무쳐 둔다.

8 **고사리 썰기** | 딱딱한 줄기는 잘라내고 5cm 길이로 잘라 양념해 둔다.

9 **소고기 고사리 양념** | 소고기와 고사리는 양념장으로 밑간한다.

10 **지단 부쳐 썰기** | 달걀은 황·백으로 나누어 지단을 부쳐 0.3cm×0.3cm×5cm 길이로 채 썬다.

11 **도라지, 애호박, 소고기, 고사리 볶기** | 팬에 기름을 두르고 도라지, 애호박, 소고기, 고사리를 볶는다. 고사리는 물을 2큰술 정도 넣어 부드럽게 볶고, 건다시마는 기름에 튀겨서 잘게 부순다. 팬에 양념한 다진 소고기를 볶다가 고추장 1큰술, 설탕 1/2큰술, 참기름 1/2큰술, 물 1큰술을 넣어 부드럽게 볶아준다.

12 **담아 완성하기** | 밥 위에 준비한 재료를 색 맞추어 돌려 담은 뒤 약 고추장, 튀긴 다시마를 얹어 낸다.

TiP!

- 밥을 할 때 쌀의 양이 적으면 강한 불에서 짓지 않는다(쌀의 물이 10분 전에 끓지 않게 해야 쌀에 물이 배어들어 가는 시간과 쌀이 부는 시간이 맞다).
- 쌀과 물의 비율은 1 : 1.2배로 하여 고슬고슬하게 짓는다(쌀의 양이 적을 경우 증발되는 수증기량이 많다).
- 충분히 뜸을 들여 밥이 잘 퍼질 수 있게 한다.
- 볶은 고추장은 중불에서 끓이면서 고추장에 물을 넣지 않아도 된다(농도가 너무 묽으면 밥 위에 약고추장이 흘러내리기 때문이다).
- 숟가락 안쪽을 이용해 밥의 가장자리를 다듬어 주면 모양이 깔끔하다.

30분

콩나물밥

"콩나물, 소고기를 넣어 지은 별미밥으로 밥물은 보통의 쌀밥보다 적게 넣어 짓고 바로 먹어야 맛있다."

1 콩나물은 꼬리를 다듬고 소고기는 채썰어 간장양념을 하시오.
2 밥은 전량 제출 하시오.

1 콩나물 손질시 폐기량이 많지 않도록 한다.
2 소고기 굵기와 크기에 유의한다.
3 밥물 및 불조절과 완성된 밥의 상태에 유의한다.

재료

01 주재료

- 쌀 ········ 150g
- 콩나물 ········ 60g
- 소고기 ········ 30g
- 대파(2cm) ········ 1/2토막
- 마늘 ········ 1쪽
- 참기름 ········ 5mL
- 진간장 ········ 5mL

02 소고기 양념

- 간장 ········ 1/3작은술
- 다진 파 ········ 약간
- 다진 마늘 ········ 약간
- 참기름 ········ 약간
- 깨 ········ 약간
- 후추 ········ 약간

만드는 방법

1 재료 준비하기 | 재료는 깨끗이 씻어서 준비한다.

2 쌀 씻어서 불리기 | 깨끗이 씻어 불린 뒤 물기를 빼서 준비한다.

3 콩나물 손질 | 깨끗이 씻어 물기를 빼고 꼬리를 다듬는다.

4 소고기 채썰기 | 핏물을 빼고 0.2cm×0.2cm×5cm 정도 길이로 채썰어 놓는다.

5 양념장 만들기 | 파·마늘은 곱게 다지고, 대파 1작은술, 마늘 1/2작은술, 참기름 1/2작은술로 양념장을 만든다.

6 소고기 양념 | 양념을 조금만 넣어 무친다.

7 밥 앉히기 | 불린 쌀에 동량의 물을 넣어 냄비에 안치고 콩나물을 골고루 펼쳐 넣은 뒤 양념한 소고기를 콩나물 위에 올린다.

8 밥하기 | 불을 켜고 약한 불에서 약 10분 후에 끓게 해서 살살 끓는 상태를 4분 유지 시킨다. 아주 작은 불로 5분 유지하여 뜸을 들인 후 불을 끄고 5~10분 둔다.

9 담아 완성하기 | 뜸이 다 들면 밥, 콩나물, 소고기가 골고루 섞이도록 주걱으로 섞어 그릇에 담는다. 젓가락으로 보슬보슬하게 담아 마무리 한다.

TiP!

- 밥물은 불린 쌀 3/4컵일 때 물 1컵을 부어 짓는다.
- 밥을 짓는 도중에 뚜껑을 자주 열면 콩나물 비린내가 남으므로 뜸을 충분히 들인다.
- 고기 양념은 최대한 적게 해야 밥의 색이 검어지지 않는다.

30분

장국죽

"싸라기 정도로 쌀을 부수고 소고기를 다져 양념한 후, 표고버섯을 함께 볶아 끓인 죽으로 어린이 이유식이나 회복기 환자식으로 많이 쓰이며 노인식으로도 좋다."

1 불린 쌀을 반 정도로 싸라기를 만들어 죽을 쑤시오.
2 소고기는 다지고 불린 표고는 3cm 정도의 길이로 채 써시오(단, 지급된 재료의 크기에 따라 가감한다).

1 다진 소고기와 표고버섯을 볶은 다음 쌀을 넣어 다시 볶다가 물을 붓는다.
2 쌀과 국물이 잘 어우러지도록 쑨다.
3 간을 맞추는 시기에 유의한다.

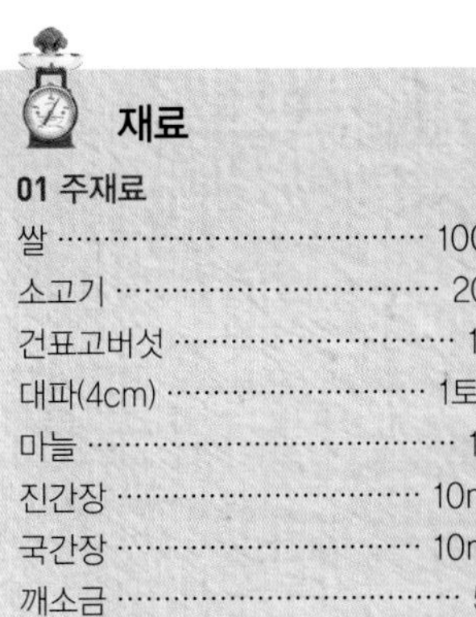

재료

01 주재료

쌀 ········· 100g
소고기 ········· 20g
건표고버섯 ········· 1장
대파(4cm) ········· 1토막
마늘 ········· 1쪽
진간장 ········· 10mL
국간장 ········· 10mL
깨소금 ········· 5g
검은 후춧가루 ········· 1g
참기름 ········· 10mL

02 양념(소고기, 표고버섯)

간장 ········· 1작은술
다진 대파 ········· 1/3작은술
다진 마늘 ········· 1/4작은술
후추 ········· 약간
깨소금 ········· 약간
참기름 ········· 약간

만드는 방법

1 재료 준비하기 | 재료는 깨끗이 씻어서 준비하고 건표고버섯은 뜨거운 물에 불려놓는다.

2 쌀 씻어서 불리기 | 쌀은 깨끗이 씻어 불려놓는다 .

3 양념장 만들기 | 파·마늘은 곱게 다지고, 대파 1큰술, 마늘 1/2큰술, 간장 1큰술, 깨소금 1작은술, 참기름 2작은술, 후추 1/5작은술로 양념장을 만든다.

4 소고기 다지기 | 소고기는 다져둔다.

5 표고버섯 썰기 | 불린 표고버섯은 기둥을 떼고 0.3cm×0.3cm×5cm 길이로 채썰어 양념한다.

6 양념하기 | 소고기와 표고버섯을 양념한다.

7 쌀 빻기 | 쌀 양의 1/2 정도가 부서지게 빻는다.

8 볶기 | 냄비에 참기름을 두르고 소고기, 표고버섯 순으로 넣고 볶다가 쌀을 넣어 볶는다.

9 끓이기 | 쌀 분량 6배의 물을 붓고 처음에는 강한 불에서 끓이다가 불을 낮추어 쌀이 퍼질 때까지 눌어붙지 않도록 가끔씩 나무주걱으로 저으면서 끓인다.

10 담아 완성하기 | 죽이 잘 퍼지면 국간장으로 색과 간을 맞춘 후 그릇에 담아 표고버섯으로 장식하여 마무리한다.

TiP!

- 불린 쌀은 물기를 제거하고 정확하게 계량하여 물 비율을 측정한다.
- 죽은 그릇에 담기 직전에 농도를 맞춰 되직하지 않게 한다.
- 간은 제출 직전에 맞춘다.
- 죽은 바닥에 눌어붙지 않도록 주걱으로 저으면서 끓인다.
- 쌀은 너무 많이 빻으면 풀이되고 적게 빻으면 조리 시간이 길어진다.

<밥 · 죽 조리작업 상황에서 고려사항>

- 밥·죽 조리 능력단위는 다음 범위가 포함된다.
  - 밥류: 흰밥, 오곡밥, 영양잡곡밥, 콩나물밥, 비빔밥, 김치밥, 곤드레밥 등
  - 죽류: 장국죽, 호박죽, 전복죽, 녹두죽, 팥죽, 잣죽, 흑임자죽 등
- 밥 조리하기: 콩나물밥, 곤드레밥 등은 부재료를 첨가하여 밥을 짓고, 비빔밥은 부재료를 조리법대로 무치거나 볶아서 밥 위에 색을 맞춰 담는다.
- 밥의 종류에 따라 간장 혹은 고추장 양념장을 곁들인다.
- 죽 조리 하기: 부재료를 볶거나 첨가하여 죽을 끓일 수 있다.
- 호화란 전분에 물을 넣고 가열하면 팽윤하고 점성도가 증가하여 전체가 반투명인 거의 균일한 콜로이드 물질이 되는 현상을 말한다.

  예 쌀에 물을 붓고 가열하여 밥과 죽이 되는 현상
- 전 처리란 건재료는 불리거나 데치거나 삶아서 다듬는 것을 말하고, 해산물은 소금물에 담가 해감 시키고, 육류는 찬물에 담가 핏물을 제거하는 것을 말하며, 채소는 다듬고 씻어 써는 것을 말한다.
- 밥 짓는 과정: 쌀을 씻어 상온(20℃ 정도)에서 최소 30분 정도 담가두었다가 밥을 지으면 물과 열이 골고루 전달되어 전분 호화가 빨리 일어나 맛있는 밥이 된다.
- 밥 뒤적이기: 다 지어진 밥을 그대로 방치하면 솥이 식어 물방울이 생기고 밥의 중량으로 밥알이 눌려지니 주걱으로 위아래를 가볍게 뒤적여 준다.

-제2장-

면류 조리

NCS 분류번호 1301010103_14v2

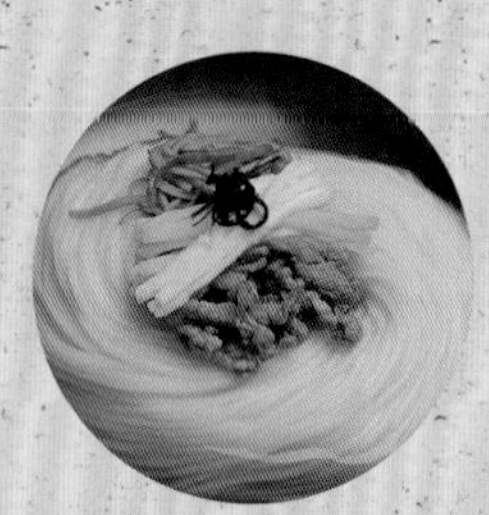

면류 조리란 밀가루나 쌀가루, 메밀가루, 전분 가루를 사용하여 국수, 만두, 냉면을 조리하는 능력이다.

능력단위요소	수행준거
1301010103_14v2.1 면류 재료 준비하기	1.1 면 조리(국수, 만두, 냉면)종류에 따라 재료를 준비할 수 있다. 1.2 조리에 사용하는 재료를 필요량에 맞게 계량할 수 있다. 1.3 부재료는 조리방법에 맞게 전 처리할 수 있다.
1301010103_14v2.2 면류 육수 만들기	2.1 찬물에 육수 재료를 넣고 서서히 끓일 수 있다. 2.2 면 조리의 종류에 맞게 화력과 시간을 조절하여 육수를 만들 수 있다. 2.3 육수의 종류에 따라 냉, 온으로 보관할 수 있다.
1301010103_14v2.3 국수 · 만두 반죽하기	3.1 가루를 분량대로 섞어 반죽할 수 있다. 3.2 사용 시점, 빈도에 따라 숙성, 보관할 수 있다. 3.3 손이나 기계를 사용하여 용도에 맞게 면과 만두피를 만들 수 있다.
1301010103_14v2.4 국수·만두·냉면 조리하기	4.1 면 종류에 따라 삶거나 끓일 수 있다. 4.2 만두는 만두피에 소를 넣어 조리방법에 따라 빚을 수 있다. 4.3 부재료를 조리방법에 따라 조리할 수 있다. 4.4 면 종류에 따라 양념장을 만들어 비비거나 용도에 맞게 활용할 수 있다. 4.5 면의 종류에 따라 어울리는 고명을 만들 수 있다.
1301010103_14v2.5 면류 담아 완성하기	5.1 면 요리의 종류에 맞는 그릇을 선택할 수 있다. 5.2 요리 종류에 따라 냉·온으로 제공할 수 있다. 5.3 필요한 경우 양념장과 고명을 얹거나 따로 제공할 수 있다.

30분

국수장국

"온면이라고도 하며, 오색 재료를 고명으로 올려 소면이나 메밀국수를 장국에 말아서 먹는 국수로 혼례 같은 경사스러운 잔치 때 손님들에게 대접하였다."

1 호박(돌려깎기), 황·백지단, 석이버섯의 크기는 0.2cm×0.2cm×5cm로 썰어 고명으로 얹으시오.
2 국수에 1.5배 분량의 장국을 붓고 오색고명을 얹어 내시오.
3 소고기는 육수를 내고 삶은 고기는 0.2cm×0.2cm×5cm로 채를 썰어 고명으로 얹으시오.

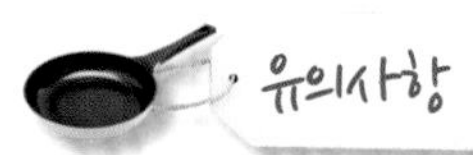

1 각 고명은 길이와 굵기가 일정하게 하고 색깔이 선명하게 나도록 준비한다.
2 국수가 불지 않도록 작업순서에 유의한다.

재료

01 주재료

소면 ···· 80g
소고기 ···· 50g
달걀 ···· 1개
애호박 ···· 60g
석이버섯 ···· 5g
실고추 ···· 1g
소금 ···· 5g
진간장 ···· 10mL
참기름 ···· 5mL
식용유 ···· 5mL
대파(4cm) ···· 1토막
마늘 ···· 1쪽

만드는 방법

1 재료 준비하기 | 재료는 깨끗이 씻어서 준비하고 국수와 실고추는 따로 담아놓는다.

2 석이버섯 불리기 | 따뜻한 물에 석이버섯을 불린다.

3 육수 만들기 | 핏물을 제거한 소고기는 손질하여 찬물에 덩어리째로 넣고 파·마늘을 넣고 끓인다.

4 호박 썰기 | 5cm로 자른 다음 돌려 깎아 0.2cm×0.2cm×5cm 길이로 채 썬다.

5 석이버섯 썰기 | 불린 석이버섯은 뒷면을 긁어 손질한 다음 채썰어 참기름, 소금 간을 해둔다.

6 지단 부치기 | 팬에 황·백지단을 부친 다음 충분히 식힌 후 0.2cm×0.2cm×5cm로 채썰어 준다.

7 호박 볶기 | 면보로 물기를 짠 후 참기름을 두른 팬에서 강한 불에 빨리 볶아낸다.

8 석이버섯 볶기 | 기름을 두르지 않은 팬에 뭉치지 않게 빨리 볶아낸다.

9 육수 거르기 및 간하기 | 면보를 체에 놓고 육수를 걸러준 다음 간장으로 색을 내고 소금으로 간을 맞춘다.

10 고기 썰기 | 편육은 0.2cm×0.2cm×5cm로 채썬다. 실고추는 3cm 길이로 손으로 잘라놓는다.

11 국수 삶기 | 끓는 물에 국수를 넣고 3~4분 정도 삶는다.

12 담아 완성하기 | 삶아진 국수는 찬물에 헹궈 사리를 지어 담는다. 준비한 고명을 얹고, 육수를 끓여 고명이 뜨지 않을 정도로 부어준다.

TiP!

- 육수부터 준비해야 시간이 절약된다.
- 국수는 충분히 삶고 반드시 찬물에 헹군다.
- 물이 끓을 때 찬물을 3~4번 부어가며 충분하게 익힌다.
- 국수는 고명이 준비된 후에 삶는다.
- 지단은 길게 채썰고 나서 아래위를 잘라 5cm로 맞추면 깔끔하다.

30분

비빔국수

"삶은 국수를 간장 양념장으로 비벼 먹는 국수로, 국수에 넣는 채소류는 제철 식재료를 이용하는 것이 좋으며 주로 오이, 호박, 미나리 등의 푸른색 채소와 표고버섯, 느타리버섯, 목이버섯, 석이버섯 등을 사용한다."

1 소고기, 표고버섯, 오이는 0.3cm×0.3cm×5cm로 채썰어 양념하여 볶으시오.
2 황·백지단은 0.2cm×0.2cm×5cm로 채썰어 고명으로 준비하시오(단, 석이버섯의 길이는 지급된 재료에 따라 가감한다).
3 실고추와 석이버섯은 채로 썰어 고명으로 준비하시오.

1 국수는 불지 않도록 삶는다.
2 국수는 비빌 때 간장으로 간을 맞춘다.
3 고명을 색을 맞추어 조화 있게 얹는다.

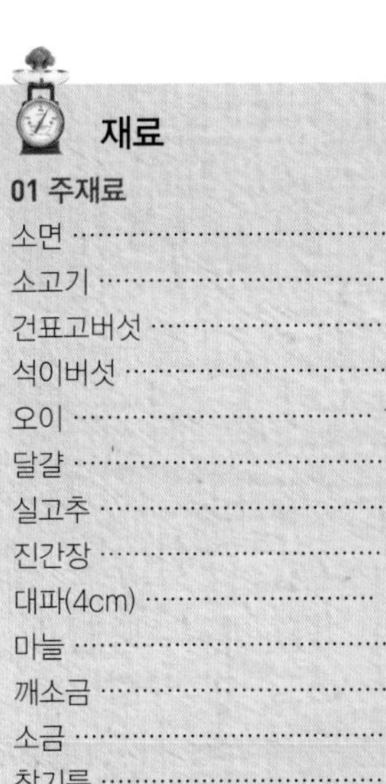

재료

01 주재료

소면 ··· 70g
소고기 ··· 30g
건표고버섯 ··· 1장
석이버섯 ··· 5g
오이 ··· 1/4개
달걀 ··· 1개
실고추 ··· 1g
진간장 ··· 5mL
대파(4cm) ··· 1토막
마늘 ··· 2쪽
깨소금 ··· 5g
소금 ··· 10g
참기름 ··· 5mL
검은 후춧가루 ··· 1g
백설탕 ··· 5g
식용유 ··· 20mL

02 삶은 국수양념

간장 ··· 1작은술
설탕 ··· 1/2작은술
참기름 ··· 1/2작은술

03 양념(소고기, 표고버섯)

간장 ··· 1작은술
설탕 ··· 1/2작은술
다진 파 ··· 약간
다진 마늘 ··· 약간
후추 ··· 약간
깨소금 ··· 약간
참기름 ··· 약간

만드는 방법

1 재료 준비하기 | 재료는 깨끗이 씻어서 준비하고 국수와 실고추는 따로 담아놓고, 오이는 소금으로 씻어둔다.

2 표고버섯, 석이버섯 불리기 | 따뜻한 물에 표고버섯, 석이버섯을 불린다.

3 오이 채썰기 | 오이는 5cm로 잘라 돌려깎기하여 두께와 폭을 0.3cm×0.3cm로 채썰어 소금에 절였다가 물기를 짠다.

4 소고기 썰기 | 핏물을 제거한 후 0.3cm×0.3cm×5cm로 채썰어 놓는다.

5 표고버섯 썰기 | 표고버섯이 두꺼우면 납작하게 포를 떠서 0.3cm×0.3cm×5cm로 채썬다.

6 양념장 만들기 | 파·마늘은 곱게 다지고 간장 1작은술, 설탕 1/2작은술, 다진 파·마늘, 후추·깨소금·참기름 약간 넣어 양념장을 만든다.

7 소고기, 표고버섯 양념하기 | 채썰어 둔 소고기와 표고버섯에 6번의 양념장으로 양념한다.

8 지단 부치기 | 달걀은 황·백으로 나누어 지단을 부쳐 0.2cm×0.2cm×5cm로 채썬다.

9 볶기 | 팬에 기름을 두르고 오이, 소고기, 표고버섯, 석이버섯 순으로 볶는다.

10 국수 삶기 | 국수는 끓는 물에 3~4분 정도 삶고 찬물을 2~3회 바꿔가며 헹구어 물기를 빼놓는다.

11 유장 만들어 무치기 | 간장 1작은술, 설탕 1/2작은술, 참기름 1/2작은술 정도를 넣고 국수를 무쳐준 다음 소고기, 표고버섯, 오이를 넣고 살살 비벼 무친다.

12 담아 완성하기 | 그릇에 담고 황·백지단, 실고추, 석이버섯을 고명으로 올려 담는다.

TiP!

- 국수를 삶을 때 물이 끓어오르면 찬물을 3~4회 넣는다. 그렇게 하면 물이 넘치지 않고 국수가 빨리 삶아진다.
- 국수가 붇지 않게 하려면 모든 재료가 완성된 뒤에 삶는다.

30분

칼국수

"밀가루 반죽을 밀어서 썬 국수를 온면처럼 따로 삶아 내지 않고 육수나 장국에 국수를 바로 넣어서 끓이기 때문에 제물국수라고도 한다."

1 국수의 굵기는 두께가 0.2cm 정도, 폭은 0.3cm 정도가 되도록 하시오.
2 애호박은 돌려깎기하고, 표고버섯은 채썰어 볶아 실고추와 함께 고명으로 사용하시오.
3 국수와 국물의 비율은 1 : 2 정도가 되도록 하시오.

1 주어진 밀가루로 밀가루 반죽과 덧가루용으로 적절히 사용하고 반죽 정도에 유의한다.
2 국수의 굵기와 두께가 일정하도록 한다.
3 멸치 육수를 내어 맑게 처리하고, 고명의 색에 유의한다.
4 국물이 탁하지 않도록 한다.

재료

01 주재료

밀가루(1컵) ······ 100g
애호박 ······ 60g
건표고버섯 ······ 1개
멸치 ······ 20g
실고추 ······ 1g
마늘 ······ 1쪽
대파(4cm) ······ 1토막
소금 ······ 5g
진간장 ······ 5mL
국간장 ······ 5mL
참기름 ······ 5mL
백설탕 ······ 5g
식용유 ······ 10mL

02 표고버섯 양념장

간장 ······ 1/2작은술
설탕 ······ 1/4작은술
참기름 ······ 약간

만드는 방법

1. **재료 준비하기** | 재료는 깨끗이 씻어서 준비하고 실고추는 분리하여 담아놓는다.
2. **표고버섯 불리기** | 따뜻한 물에 표고버섯을 불린다.
3. **멸치 손질** | 멸치는 내장과 머리를 제거하여 기름을 두르지 않은 팬에 볶아둔다.
4. **파 썰기** | 파는 어슷 썰고 자투리는 육수용으로 사용한다.
5. **육수 끓이기** | 머리와 내장을 제거한 멸치는 물을 3컵 정도 붓고 끓이다가 거품을 걷어내고 파·마늘(1/2쪽)을 넣고 은근히 끓인다.
6. **호박 썰기** | 5cm로 잘라 돌려깎기하여 두께와 폭이 0.2cm×0.2cm로 채썰어 소금에 절였다가 물기를 짠다.
7. **밀가루 반죽** | 밀가루는 체쳐서 소금물을 넣고 되직하게 반죽하여 젖은 면보에 싸서 휴지 시킨다.
8. **육수 거르기** | 면보에 걸러 멸치육수를 만들고 간장으로 색을 맞춘다.
9. **표고버섯 썰기** | 표고버섯이 두꺼우면 납작하게 포를 떠서 0.2cm×0.2cm×5cm로 채썬다.
10. **표고버섯 양념하기** | 간장 1/2작은술, 설탕 1/4작은술, 참기름 약간을 넣어 양념한다.
11. **볶기** | 팬에 호박, 표고버섯 순으로 볶는다.
12. **칼국수 썰기** | 밀가루 반죽에 밀가루를 뿌리고 두께 0.1cm로 얇게 밀어서 덧가루를 뿌리고 겹쳐 말아 0.3cm 폭으로 썬 다음 고루 헤친 후 덧가루를 털어낸다.
13. **칼국수 끓이기** | 육수가 끓으면 칼국수면을 넣고 다시 끓어오르면 파·마늘을 넣고 소금으로 간을 한다.
14. **담아 완성하기** | 그릇에 담아 호박, 표고버섯을 올려놓고 실고추를 고명으로 올린다.

TiP!

- 멸치는 머리와 내장을 제거한 후 끓이고, 너무 오래 끓이면 비린내가 나고 국물이 탁해진다.
- 반죽 두께는 요구사항보다 더 얇게 밀고 가늘게 자른다(익으면 더 두꺼워진다).
- 반죽이 질지 않게 한다.
- 덧가루를 많이 사용하면 국물이 뿌옇고 탁해진다.
- 반죽이 질면 작업하기도 어렵고 덧가루를 많이 쓰기 때문에 국물이 탁해진다.

45분

만둣국

❝밀가루나 메밀가루 반죽에 소를 넣어 빚은 만두를 장국에 넣어 끓인 겨울음식으로 북쪽 지방에서 즐겨 먹었다. 만둣국에 넣는 만두는 궁중에서는 둥근 것을 반만 접어서 주름을 내지 않고 반달 모양으로 집어 병시(餠匙)라 하며 개성편수는 반달모양으로 빚은 다음 양끝을 마주 붙여서 아기의 모자와 같은 모양으로 빚는다.❞

1 만두피는 지름 8cm의 둥근 모양으로 하여, 5개를 만드시오.
2 황·백지단과 미나리 초대 각 2개씩을 고명으로 사용하시오. [완자(마름모꼴)모양]

1 만두피는 일정한 크기로 얇게 밀도록 한다.
2 지급된 고기는 육수와 만두 속 재료로 사용한다.
3 끓일 때 터지지 않도록 유의하고 만두 속은 잘 익어야 한다.

재료

01 주재료

밀가루 ······ 60g
소고기 ······ 60g
두부 ······ 50g
숙주 ······ 30g
배추김치 ······ 40g
달걀 ······ 1개
미나리 ······ 20g
대파(4cm) ······ 1토막
마늘 ······ 2쪽
소금 ······ 5g
검은 후춧가루 ······ 2g
식용유 ······ 5mL
깨소금 ······ 5g
참기름 ······ 10mL
국간장 ······ 5mL
산적꼬치 ······ 1개

만드는 방법

1 재료 준비하기 | 재료는 깨끗이 씻어서 준비하고 숙주는 뿌리만, 미나리는 잎만 제거한다.

2 육수 만들기 | 찬물이 담긴 냄비에 소고기 1/3, 대파 1/2토막, 마늘 1쪽을 넣고 15분 이상 끓여 육수를 만든다.

3 밀가루 반죽하기 | 1/2컵 정도의 체친 밀가루에 물과 소금을 넣어 반죽하여 비닐이나 젖은 면보에 덮어 둔다(덧가루는 남긴다).

4 숙주 데치기 및 다지기 | 끓는 물에 소금을 약간 넣고 숙주를 데쳐 다져둔다.

5 소 만들기 | 김치는 속을 털어 내고 다져서 물기를 꼭 짠다. 두부는 물기를 짜서 칼등으로 으깨고 고기, 파, 마늘은 다져놓는다.

6 소 양념하기 | 준비한 소와 다진 파 1큰술, 다진 마늘 1/2큰술, 후추 1/10작은술, 깨소금 1작은술, 참기름 1작은술, 소금 1/3작은술로 양념하여 소를 만든다.

7 황·백지단 및 미나리 초대 만들기 | 달걀은 황·백으로 나누어 지단을 부치고 나머지 달걀물로 미나리 초대를 만든다.

8 반죽 썰기 | 반죽은 다시 치대서 반죽하여 8g 정도(대추 크기)로 자른다.

9 만두피 밀기 | 밀가루 반죽을 밀대로 얇고 둥글게 밀어 지름 8cm 정도로 만두피를 만든다.

10 만두 만들기 | 소를 넣고 양끝을 당겨 붙여준다.

11 육수 준비 | 육수가 완성되면 면보에 걸러서 간장으로 색을 내고 소금으로 간하여 끓인다.

12 고명 준비하기 | 황·백지단, 미나리 초대는 식힌 후 완자(마름모꼴)모양으로 썰어 놓는다.

13 끓이기 | 육수가 끓으면 만두를 넣고 끓이다가 만두가 떠오르면 2~3분 정도 더 끓여 만두피를 완전히 익힌다.

14 담아 완성하기 | 그릇에 만두와 육수를 담고 황·백지단, 미나리 초대를 고명으로 올린다.

TiP!

- 제일 먼저 냄비에 물을 끓여 숙주를 데치고, 밀가루 반죽을 해 놓는다.
- 밀가루 반죽은 제일 먼저 반죽하여 휴지시켜 놓아야 끈기가 생겨 만두피가 잘 찢어지지 않는다.
- 반죽이 질지 않도록 하며 만두에 덧가루를 많이 묻히면 국물이 탁해진다.
- 소로 사용되는 재료들의 물기는 완전히 제거한다.

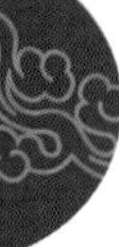

<면류 조리작업 상황에서 고려사항>

- 육수란 소고기, 닭고기, 멸치, 새우, 다시마, 바지락, 채소 등에 물을 붓고 끓여낸 맑은 국물이다.
- 면류 조리의 전 처리란 맑은 육수를 만들기 위해 사전에 육류를 물에 담가 핏물을 제거하는 과정과 채소류 등을 다듬고 깨끗하게 씻는 과정을 말한다.
- 냉면류와 비빔국수, 막국수 등은 차가운 온도로 제공하며 만둣국, 국수장국, 칼국수 등은 뜨거운 온도로 제공한다.
- 면을 삶을 때는 가열 중간에 1~2회 정도 찬물을 부어주고, 면이 익으면 재빨리 찬물로 냉각하여 호화를 억제시켜 매끄럽고 탄력 있게 조리한다.
- 면 조리시간: 소면 4분, 칼국수 5~6분, 냉면 40초, 면의 굵기와 생면·건면 상태, 첨가물에 따라 조절할 수 있다.
- 필요에 따라 소면, 냉면, 메밀 면, 떡국용 떡, 조랭이 떡 등은 시판용을 사용할 수 있다.
- 만두류는 조리방법에 따라 찜통에 쪄내어 제공할 수도 있다.
- 만두소는 소고기, 돼지고기, 닭고기 등을 다진 육류와 으깬 두부나 다진 버섯·채소, 양념류를 혼합한다.

-제3장-

국·탕 조리

NCS 분류번호 1301010104_14v2

국·탕조리란 재료를 사용하여 육수를 만들어 채소나 해산물, 육류 등을 넣어 조리하는 능력이다.

능력단위요소	수행준거
1301010104_14v2.1 국·탕 재료 준비하기	1.1 조리에 사용하는 재료를 필요량에 맞게 계량할 수 있다. 1.2 육수의 종류에 맞추어 도구와 재료를 준비할 수 있다. 1.3 재료에 따라 요구되는 전 처리를 수행할 수 있다.
1301010104_14v2.2 국·탕 육수 만들기	2.1 찬물에 육수재료를 넣고 서서히 끓일 수 있다. 2.2 조리의 종류에 따라 끓이는 시간과 불의 강도를 조절할 수 있다. 2.3 끓이는 중 부유물을 제거하여 맑은 육수를 만들 수 있다. 2.4 완성된 육수를 보고 품질을 판단할 수 있다. 2.5 육수의 종류에 따라 냉·온으로 보관할 수 있다.
1301010104_14v2.3 국·탕 조리하기	3.1 재료의 종류에 맞게 국물조리를 만들 수 있다. 3.2 국·탕은 주재료와 부재료의 배합에 맞게 조리할 수 있다. 3.3 국·탕은 다양한 재료를 활용하여 조리할 수 있다. 3.4 조리의 종류에 따라 끓이는 시간을 달리 할 수 있다.
1301010104_14v2.4 국·탕 담아 완성하기	4.1 조리법에 따라 국·탕 그릇을 선택할 수 있다. 4.2 국·탕은 뜨거운 온도로 담아 제공할 수 있다. 4.3 국·탕은 국물과 건더기의 비율에 맞게 담아낼 수 있다. 4.4 국·탕의 종류에 따라 고명을 활용할 수 있다.

30분

완자탕

"소고기와 두부를 곱게 다지고 완자를 빚어 육수에 끓여 내는 맑은 국으로 교자상, 주안상에 올리는데 궁중에서는 봉오리라고 하고, 민간에서는 모리라고 해서 봉오리탕 또는 모리탕이라고도 한다."

1 완자는 직경 3cm 정도로 6개를 만들고, 국물의 양은 200mL 정도로 하시오.
2 완자탕의 고명으로 황·백지단(마름모꼴)을 띄우시오.

1 고기 부위의 사용 용도에 유의하고, 육수 국물을 맑게 처리하고 양에 유의한다.
2 주어진 달걀을 지단용과 완자용으로 분리하여 사용한다.

재료

01 주재료

소고기(살코기) ······ 50g
소고기(사태) ······ 20g
달걀 ······ 1개
밀가루 ······ 10g
두부 ······ 15g
소금 ······ 10g
대파(2cm) ······ 1/2토막
마늘 ······ 2쪽
깨소금 ······ 5g
검은 후춧가루 ······ 2g
참기름 ······ 5mL
백설탕 ······ 5g
식용유 ······ 20mL
국간장 ······ 5mL
키친타월 ······ 1장

02 완자양념

다진 마늘 ······ 약간
다진 파 ······ 약간
깨소금 ······ 약간
후추 ······ 약간
참기름 ······ 약간
설탕 ······ 약간
소금 ······ 약간

만드는 방법

1 **재료 준비하기** | 재료는 깨끗이 씻어서 준비한다.

2 **육수 끓이기** | 찬물에 사태와 파 1/2토막, 마늘 1쪽을 넣고 끓인다.

3 **소고기 다지기** | 살코기는 곱게 다진다.

4 **두부 으깨기** | 물기를 짠 뒤 칼로 곱게 으깬다.

5 **소고기, 두부 양념하기** | 다진 소고기와 으깬 두부에 소금 1/2작은술, 후추 약간, 다진 파 1/2큰술, 다진 마늘 1/3큰술, 설탕 1작은술, 깨소금 1작은술, 참기름 1작은술로 양념한다.

6 **완자 만들기** | 반죽을 치대서 직경이 3cm인 완자를 6개 만든다.

7 **황·백 지단 부치기** | 달걀을 노른자와 흰자로 분리하여 지단을 만들어 식힌 후 마름모꼴로 썬다.

8 **완자 밀가루 묻히기** | 밀가루가 남지 않을 정도로 조금만 넣고 살살 굴려준다.

9 **완자 달걀 묻히기** | 지단을 부치고 남은 달걀물을 조금만 넣고 골고루 묻힌다.

10 **완자 지지기** | 기름을 닦은 팬에 완자를 넣어 굴려가며 지지는데, 겉면이 살짝 익으면 팬의 이물질을 제거하고 기름을 두르고 충분히 익혀준다.

11 **기름 제거** | 키친타월로 닦아주거나 끓는 물에 살짝 데쳐 기름기를 제거한다.

12 **육수 준비** | 육수를 면보에 거른 후 간장으로 색을 내고, 소금으로 간을 맞추고 끓으면 완자를 넣어 잠시 끓인다.

13 **담아 완성하기** | 그릇에 담고 황·백지단을 올린다.

TiP!

- 완자는 각 재료의 물기를 제거하고 소고기를 곱게 다져 반죽을 꽉꽉 쥐어가며 치대면 결착력이 잘 생긴다.
- 익힌 완자는 끓는 물에 한번 데쳐서 기름기를 제거해야 육수에 기름이 뜨지 않는다.
- 너무 강한 불에서 오래 끓이면 육수가 탁해지고 완자 모양이 흐트러진다.
- 밀가루와 달걀물은 여분이 없을 정도로 적게 묻혀야 익힌 후 껍질이 분리되지 않는다.

<국·탕 조리작업 상황에서 고려사항>

- 필요에 따라 양념장을 만들어 숙성하여 사용할 수 있다.
- 국·탕 조리의 전 처리란 육류는 물에 담가 핏물을 제거하고, 뼈는 핏물을 제거하고 끓는 물에 데쳐내는 과정과 채소류 등을 다듬고 깨끗하게 씻는 과정을 말한다.
- 육수란 육류 또는 가금류, 뼈, 건어물, 채소류, 향신채 등을 넣고 물에 충분히 끓여내어 국물로 사용하는 재료를 말한다.
- 국을 그릇에 담을 때는 건더기와 국물의 비율이 1 : 3이 되도록 담는다.

-제4장-

찌개 · 전골조리

NCS 분류번호 1301010105_14v2

찌개 · 전골조리란 육류, 채소류, 버섯류, 해산물류를 용도에 맞게 썰어 양념한 뒤 건더기가 잠길 정도로 육수나 국물을 부어 함께 끓여내는 조리 능력이다.

능력단위요소	수행준거
1301010105_14v2.1 찌개 · 전골 재료 준비하기	1.1 조리에 사용하는 재료를 필요량에 맞게 계량할 수 있다. 1.2 육수의 종류에 맞추어 도구와 재료를 준비할 수 있다. 1.3 재료에 따라 요구되는 전 처리를 수행할 수 있다. 1.4 전골조리의 경우 종류에 따라 그릇을 선택할 수 있다.
1301010105_14v2.2 찌개 · 전골 육수 만들기	2.1 찬물에 육수 재료를 넣고 서서히 끓일 수 있다. 2.2 끓이는 중 부유물과 기름이 떠오르면 걷어내어 제거할 수 있다. 2.3 조리종류에 따라 끓이는 시간과 불의 강도를 조절할 수 있다. 2.4 사용시점에 맞춰 냉, 온으로 보관할 수 있다.
1301010105_14v2.3 찌개 · 전골 양념장 만들기	3.1 양념장 재료를 비율대로 혼합, 조절할 수 있다. 3.2 필요에 따라 양념장을 숙성할 수 있다. 3.3 만든 양념장을 용도에 맞게 활용할 수 있다
1301010105_14v2.4 찌개 · 전골 조리하기	4.1 채소류 중 단단한 재료는 데치거나 삶아서 사용할 수 있다. 4.2 조리법에 따라 재료는 양념하여 밑간할 수 있다. 4.3 찌개는 육수에 재료와 양념을 첨가 시점을 조절하여 넣고 끓일 수 있다. 4.4 찌개에 따라 재료와 양념장, 육수를 그대로 그릇에 담아낼 수 있다. 4.5 전골은 전 처리한 재료를 그릇에 가지런히 담을 수 있다. 4.6 전골 양념장과 육수는 필요량에 따라 조절할 수 있다.
1301010105_14v2.5 찌개 · 전골 담아 완성하기	5.1 조리 종류에 맞는 그릇을 선택할 수 있다. 5.2 조리 특성에 맞게 건더기와 국물의 양을 조절할 수 있다. 5.3 전골종류와 필요한 경우 찌개에 따라 상에서 끓여 먹도록 할 수 있다.

40분

두부전골

“제철에 나는 신선한 재료로 버섯전골, 두부전골, 꿩 전골, 도미면, 낙지전골 등을 끓일 수 있는데, 그중에서 가을철 햇콩으로 고소한 두부를 만들어 고기, 채소들과 함께 끓이는 두부전골은 부드럽고 담백한 맛을 자랑하는 가을철 별미이다.”

1 두부는 3cm×4cm×0.8cm 정도 크기 7개를 녹말을 무쳐 지져서 냄비에 돌려 담으시오.

2 소고기는 육수와 완자용으로 나누어 사용하고, 완자는 두부와 소고기를 섞어 지름 1.5cm 정도 크기로 5개 만들어 지져서 사용하시오.

3 달걀은 황·백지단으로 5cm×1.2cm 정도 크기로 써시오.

4 채소는 5cm×1.2cm×0.5cm정도 크기로 썰어 사용하고 무, 당근은 데치고 거두절미한 숙주는 데쳐서 양념하시오.

5 재료를 색 맞추어 돌려 담고 가운데에 두부를 돌려 담아 완자를 중앙에 놓고 육수를 부어 끓여내시오.

재료

01 주재료

- 두부 ······ 200g
- 소고기(살코기) ······ 60g
- 소고기(사태) ······ 20g
- 건표고버섯 ······ 2장
- 숙주(생 것) ······ 50g
- 무(5cm) ······ 60g
- 당근(5cm) ······ 60g
- 실파 ······ 2뿌리
- 달걀 ······ 2개
- 대파(4cm, 흰부분) ······ 1토막
- 마늘 ······ 3쪽
- 진간장 ······ 20mL
- 깨소금 ······ 5g
- 참기름 ······ 5mL
- 소금 ······ 5g
- 검은 후춧가루 ······ 2g
- 식용유 ······ 20mL
- 밀가루 ······ 20g
- 녹말가루 ······ 20g
- 키친타월 ······ 1장

만드는 방법

1 재료 준비하기 | 재료는 씻어서 준비하고 숙주는 거두절미 한다.

2 표고버섯 불리기 | 따뜻한 물에 표고버섯을 불린다.

3 육수 끓이기 | 소고기(사태)는 핏물을 제거하여 물(3컵 정도)을 붓고 대파(2cm) 1/2 토막과 마늘 1/2쪽을 냄비에 넣고 끓인다.

4 두부 준비하기 | 길이 3cm×4cm×0.8cm 크기로 썰어 소금을 뿌려 15~20분 정도 둔 후 물기를 제거한다. 완자용 두부는 따로 둔다.

5 무 · 당근 자르기 및 데치기 | 무와 당근은 5cm×1.2cm×0.5cm 정도 크기로 썰어 끓는 물에 데친다.

6 실파 썰기 | 실파는 5cm 정도 길이로 썬다.

7 숙주 데치기 | 끓는 물에 살짝 데쳐 소금 1/3작은술, 참기름 1/2작은술로 무친다.

8 표고버섯 자르기 | 길이 5cm, 폭 1.2cm 크기로 썬 후 간장, 참기름 약간씩 넣어 양념한다.

9 완자 만들기 | 소고기(살코기)는 다진 후, 으깨어 물기를 제거한 두부를 넣고 소금 1/2작은술, 다진 파 1/2큰술, 다진 마늘 1/3큰술, 후추 약간, 깨소금 1작은술, 참기름 1작은술을 넣고 양념하여 지름 1.5cm 정도 크기로 완자를 빚는다.

10 육수 거르기 | 육수를 면보에 거른 후 간장으로 색을 내고 소금 간 한다.

11 두부 지지기 | 4의 두부는 물기를 제거하고 녹말가루를 묻혀 노릇하게 지진다.

12 지단 준비 | 달걀은 황·백지단을 부쳐 길이 5cm, 폭 1.2cm 크기로 썬다.

13 완자 밀가루와 달걀 묻히기 | 밀가루는 남지 않을 정도로 조금만 넣고 살살 묻히고, 지단을 부치고 남은 달걀물도 조금씩 골고루 묻힌다.

14 완자 지지기 | 기름을 닦은 팬에 완자를 넣고 굴려가며 지진다. 겉면이 살짝 익으면 팬의 이물질을 제거하고 기름을 두르고 충분히 익힌다.

15 담아 완성하기 | 전골냄비에 모든 재료를 보기 좋게 색 맞추어 돌려 담고 가운데 두부를 돌려 담아 완자를 중앙에 놓고 육수(재료의 9부 정도)를 부어 끓인다.

1 고기 부위의 사용 용도에 유의한다.

TiP!

- 흰색 채소가 많으므로 흰색 채소 사이사이에 다른 색을 담는다.
- 두부는 기름을 적게 써야 색이 빨리 난다.
- 처음에 육수를 적게 붓고 끓인 뒤 육수를 더 넣으면 모양이 흐트러지지 않는다.

20분

두부젓국찌개

"굴과 두부를 넣고 새우젓으로 간을 맞춰 끓인 맑은 찌개(조치)로 아침상이나 죽상에 잘 어울린다."

1 두부는 2cm×3cm×1cm로 써시오.
2 붉은 고추는 0.5cm×3cm, 실파는 3cm 길이로 써시오.
3 찌개의 국물은 200mL로 하여 담으시오.

1 두부와 굴의 익는 정도에 유의한다.
2 찌개의 간은 소금과 새우젓으로 하고, 국물이 맑고 깨끗하도록 한다.

재료

01 주재료

두부 ······ 100g
생굴 ······ 30g
실파 ······ 1뿌리
홍고추 ······ 1/2개
새우젓 ······ 10g
마늘 ······ 1쪽
참기름 ······ 5mL
소금 ······ 5g

만드는 방법

1. **재료 준비하기** | 재료는 깨끗이 씻어서 준비한다.
2. **굴 손질** | 굴은 연한 소금물에 흔들어 씻은 다음 굴 껍질을 골라 건져 놓는다.
3. **두부 썰기** | 두부의 폭과 길이를 2cm×3cm, 두께 1cm로 썬다.
4. **실파 썰기** | 실파는 3cm 길이로 썬다.
5. **홍고추 썰기** | 홍고추는 길이로 반으로 잘라 씨를 제거하고 0.5cm×3cm의 크기로 썬다.
6. **새우젓 짜기** | 새우젓은 다져서 국물을 짠다.
7. **마늘 다지기** | 마늘은 곱게 다져둔다.
8. **국물 잡고 간하기** | 냄비에 물 2컵 정도를 올려 끓여 새우젓으로 밑간한다.
9. **거품 제거하기** | 물이 끓으면 물그릇을 준비하여 거품을 제거한다.
10. **끓이기** | 끓어오르면 소금으로 심심하게 간을 한 뒤 두부와 굴을 순서대로 넣고 끓으면, 마늘과 홍고추, 실파를 넣고 불을 끄고 참기름을 한 두 방울 넣는다.
11. **담아 완성하기** | 그릇에 두부, 굴을 담고 국물을 부어 홍고추, 실파를 골고루 넣어준다.

TiP!

- 굴은 오래 끓이면 국물이 탁해지고, 파와 홍고추는 고유의 색이 우러날 수 있으므로 마지막에 넣고 잠깐 끓인다.
- 찌개가 끓는 동안 거품을 제거해야 국물이 맑게 나온다.
- 새우젓 국물은 적당히 넣고 소금 간에 유의한다.
- 찌개는 국물과 건더기의 비율이 1 : 2가 되도록 한다.

30분

생선찌개

❝생선에 고추장을 넣고 끓인 토장국이며 국물이 끓어오른 다음 생선을 넣어야 부서지지 않는다.❞

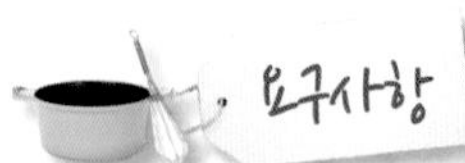

1 생선은 4~5cm 정도의 토막으로 자르시오(생선의 크기에 따라 길이를 가감할 수 있다).
2 무, 두부의 완성된 크기는 2.5cm×3.5cm×0.8cm 정도로 일정하게 만드시오.
3 호박은 주어진 크기에 따라 0.5cm, 두께의 반달형 또는 은행잎 모양으로 썰고, 쑥갓과 파는 4cm 크기로 만드시오.
4 고추는 통 어슷썰기를 하시오.
5 고추장, 고춧가루를 사용하여 만드시오.
6 생선머리를 포함하여 전량 제출하시오.

재료

01 주재료

동태(300g 정도) ········ 1마리
무 ········ 30g
애호박 ········ 30g
쑥갓 ········ 10g
두부 ········ 50g
실파 ········ 2뿌리
풋고추 ········ 1개
홍고추 ········ 1개
마늘 ········ 2쪽
생강 ········ 10g
고추장 ········ 30g
소금 ········ 10g
고춧가루 ········ 10g

02 생선찌개 양념

고추장 ········ 1큰술
고춧가루 ········ 1큰술
마늘 ········ 1작은술
생강 ········ 1/2작은술
소금 ········ 1작은술
물 ········ 3컵 정도

만드는 방법

1 **재료 준비하기** | 재료는 깨끗이 씻어서 준비한다.

2 **쑥갓 손질** | 쑥갓은 줄기를 제거하고 시들었으면 물에 담가 놓는다.

3 **생선 손질** | 생선은 지느러미와 비늘을 제거한 후 내장의 가식 부위를 골라내고 주둥이를 자른 후 배를 가르지 않고 5cm 정도로 토막내고 씻어서 접시에 담아 놓는다.

4 **무와 두부 썰기** | 무와 두부는 가로 2.5cm, 세로 3.5cm, 두께 0.8cm 크기로 썬다.

5 **호박 썰기** | 호박은 0.5cm 두께의 반달형으로 썬다.

6 **실파 썰기** | 실파는 4cm 길이로 썬다.

7 **홍고추, 풋고추 썰기** | 고추는 통으로 0.5cm 두께로 어슷하게 썰어 씨를 제거해 놓는다. 마늘, 생강은 다진다.

8 **고추장 풀기** | 냄비에 물을 끓이다가 고추장 10g 정도를 풀고 고춧가루 1큰술 정도 넣고 끓여준다.

9 **끓이기** | 물이 끓으면 손질해 놓은 무를 넣고 끓이다가 무가 반쯤 익으면 실파, 쑥갓을 제외한 생선과 나머지 재료를 넣어 끓이고 생강, 마늘을 넣고 소금, 후추로 간한다. 거품을 걷어 내면서 끓이다가 충분히 생선 맛이 우러나면 실파, 쑥갓을 넣고 불을 끈다. 쑥갓은 숨이 죽으면 바로 건져 놓는다.

10 **담아 완성하기** | 그릇에 재료를 담고 쑥갓을 위에 올려 모양내어 담아낸다.

1 생선살이 부서지지 않도록 주의한다.
2 각 재료의 익히는 순서를 고려하여 끓인다.

TiP!

- 고추장을 많이 넣으면 달고 텁텁해지고 국물색이 뿌옇게 되므로 많이 넣지 않는다.
- 생선찌개를 끓일 때 단단한 재료부터 순서대로 넣는다.
- 찌개는 거품을 제거하며 끓여야 국물이 맑게 나온다.
- 생선 손질시 주둥이 부분은 잘라내고 토막 낸 생선은 따로 담아 놓는다.
- 고추장의 양이 제시되었으므로 찌개의 색을 잘 내기 위해 이를 고려하여 물을 3컵 정도로 맞추어 넣는다.

30분

소고기전골

“냄비를 전립 모양으로 만들어 고기와 채소 등 여러 재료를 넣고 끓여먹던 음식이 오늘날의 전골이 되었다.”

1 소고기는 육수와 전골용으로 나누어 사용하시오.
2 전골용 소고기는 0.5cm×0.5cm×5cm 정도 크기로 썰어 양념하여 사용하시오.
3 양파는 0.5cm 정도 폭으로, 실파는 5cm 정도 길이로, 나머지 채소는 0.5cm×0.5cm×5cm 정도 크기로 채썰고, 숙주는 거두절미하여 데쳐서 양념하시오.
4 모든 재료를 돌려 담아 소고기를 중앙에 놓고 육수를 부어 끓인 후 달걀을 올려 반숙이 되게 끓여 잣을 얹어내시오.

재료

01 주재료

소고기(살코기) ······ 70g
소고기(사태) ······ 30g
건표고버섯 ······ 3장
숙주(생 것) ······ 50g
무(5cm) ······ 60g
당근(5cm) ······ 40g
양파(1/4개) ······ 150g
실파 ······ 2뿌리
달걀 ······ 1개
잣 ······ 10알
대파(4cm, 흰부분) ······ 1토막
마늘 ······ 2쪽
진간장 ······ 10mL
백설탕 ······ 5g
깨소금 ······ 5g
참기름 ······ 5mL
소금 ······ 10g
검은 후춧가루 ······ 1g

만드는 방법

1 재료 준비하기 | 재료는 깨끗이 씻어서 준비하고 숙주는 거두절미하고, 잣은 분리해서 담아놓는다.

2 육수 끓이기 | 소고기(사태)는 핏물을 제거하여 찬물(3컵 정도)을 붓고 대파(2cm)와 마늘을 넣어 끓인다.

3 숙주 데치기 | 거두절미한 숙주는 살짝 데쳐 소금 1/3작은술과 참기름 1/2작은술로 무친다.

4 고기 썰기 | 소고기(살코기)는 0.5cm×0.5cm×5cm 정도 길이로 채썰어 준다.

5 채소 썰기 | 무, 당근, 표고, 실파, 양파도 0.5cm×0.5cm×5cm 정도 길이로 채썰어 준다.

6 소고기, 표고버섯 양념하기 | 대파(2cm), 마늘을 다져 간장, 설탕, 참기름을 넣고 양념한다.

7 육수 거르기 및 잣 손질 | 육수는 면보에 거르고 간장으로 색을 내어 소금 간한다. 잣은 고깔을 떼어 준비한다.

8 전골 안치기 | 전골냄비에 모든 재료를 보기 좋게 돌려 담고 소고기는 가운데를 비우고 중앙에 돌려 담는다.

9 전골 끓이기 | 육수를 재료의 9부 정도, 재료가 잠길 만큼 부어 끓이다가 고기가 익으면 달걀을 가운데 넣어 반숙으로 익힌다.

10 담아 완성하기 | 소고기의 가장자리에 고깔을 뗀 잣을 돌려 담고 달걀이 반숙이 되면 불을 끈다.

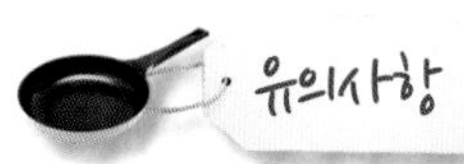

1 소고기는 핏물제거를 잘하여야 한다.
2 대파와 마늘은 용도에 유의한다.
3 숙주는 많이 데치지 않으며, 채소가 잘 익도록 유의한다.

TiP!

- 소고기 육수는 끓여 소창(면보)에 걸러 사용한다.
- 육수는 전골냄비 크기에 맞추어 재료의 9부 정도 부어 끓인다.
- 달걀은 반숙이 되게 익힌다.

<찌개·전골 조리작업 상황에서 고려사항>

- 감정이란 고추장으로 조미하여 끓인 찌개의 한 종류이며 찌개와 비슷한 말로 궁중용어인 조치, 국물이 찌개보다 적은 지짐이가 있다.
- 찌개·전골 조리의 전 처리란 맑은 육수를 만들기 위해 사전에 육류를 물에 담가 핏물을 제거하고, 뼈는 핏물을 제거하고 끓는 물에 데쳐내는 과정과 채소류를 깨끗하게 다듬고 씻는 것을 말한다.
- 육수는 소고기를 주로 사용하고 닭고기, 어패류, 버섯류, 채소류, 다시마 등을 사용하며 끓일 때 향신채(파, 마늘, 생강, 통후추)와 함께 끓인다.
- 조개류로 육수를 만들 때는 소금물에 해감한 후 약한 불로 단시간에 끓여낸다.
- 멸치로 육수를 낼 때는 내장을 제거하고 15분 정도 끓인다.
- 찌개나 전골을 그릇에 담을 때는 건더기를 국물보다 많이 담는다.
- 전골과 찌개 종류에 따라 상 위에서 끓이도록 그릇에 담아 그대로 제공하거나 끓여서 제공한다.
- 전골은 육류와 어패류, 버섯류, 채소류를 한 그릇에 담고 맑은 육수를 부어서 상위에 즉석에서 끓여먹는 음식으로 쇠고기, 곱창, 대합, 낙지 등을 썰어 양념하거나 전을 부쳐 사용하기도 한다.

-제5장-

찜 · 선 조리

NCS 분류번호 1301010106_14v2

찜 · 선 조리란 육류, 생선류, 가금류, 채소류 등에 갖은 양념을 하여 무르게 익혀 조림을 하거나 쪄서 형태를 유지하게 조리하는 능력이다.

능력단위요소	수행준거
1301010106_14v2.1 찜 · 선 재료 준비하기	1.1 조리에 사용하는 재료를 필요량에 맞게 계량할 수 있다. 1.2 찜 · 선의 종류에 맞게 도구와 재료를 준비할 수 있다. 1.3 재료에 따라 요구되는 전 처리를 수행할 수 있다. 1.4 찜 · 선의 조리법에 따라 크기와 용도를 고려하여 재료를 썰 수 있다.
1301010106_14v2.2 찜 · 선 양념장 만들기	2.1 양념장 재료를 비율대로 혼합, 조절할 수 있다. 2.2 필요에 따라 양념장을 숙성할 수 있다. 2.3 만든 양념장을 용도에 맞게 활용할 수 있다.
1301010106_14v2.3 찜 · 선 조리하기	3.1 조리방법에 따라 물과 양념장의 양을 조절할 수 있다. 3.2 육류의 찜은 고기를 양념하여 재워둔 후 찜을 할 수 있다. 3.3 찜 · 선 종류와 재료에 따라 가열시간을 조절할 수 있다. 3.4 채소류의 찜은 화력을 조절하여 재료의 고유의 색, 형태를 유지할 수 있다. 3.5 찜 · 선에 어울리는 고명을 만들 수 있다.
1301010106_14v2.4 찜 · 선 담아 완성하기	4.1 찜 · 선의 종류에 따라 그릇을 선택할 수 있다. 4.2 찜 · 선의 종류에 따라 고명을 올릴 수 있다. 4.3 찜 · 선의 종류에 따라 국물을 자작하게 담아낼 수 있다.

35분

닭찜

“닭과 채소, 표고버섯 등과 양념장을 넣고 끓여 달걀지단, 은행을 고명으로 얹어서 만든 찜 요리로 마지막에 강한 불에서 국물을 끼얹어 가며 바특하게 조려야 색이 곱고 윤기가 난다.”

1 닭을 4~5cm 정도로 토막을 내시오.
2 완성된 닭찜은 5토막 이상 제시하시오.
3 닭은 끓는 물에서 기름을 제거하여 사용하고 토막 낸 닭은 부서지지 않게 조리한다.
4 황·백지단은 완자(마름모꼴)모양으로 만들어 고명으로 각 2개씩 얹으시오.

1 닭과 부재료인 채소가 알맞게 익도록 하고, 당근은 모서리를 다듬는다.
2 완성된 닭찜의 색깔에 유의한다.

재료

01 주재료

닭(1/2마리) ············ 300g
양파(1/3개) ············ 50g
당근(길이 7cm 정도) ············ 50g
건표고버섯 ············ 1개
달걀 ············ 1개
은행 ············ 3알
대파(4cm) ············ 1토막
마늘 ············ 2쪽
생강 ············ 10g
진간장 ············ 50mL
백설탕 ············ 20g
깨소금 ············ 5g
참기름 ············ 10mL
소금 ············ 5g
식용유 ············ 30mL
검은 후춧가루 ············ 2g

02 닭찜 양념장

간장 ············ 2큰술
설탕 ············ 1큰술
다진 파 ············ 1작은술
다진 마늘 ············ 1작은술
후추 ············ 약간
깨소금 ············ 약간
참기름 ············ 1작은술
물 ············ 1컵
생강즙 ············ 1/2작은술

만드는 방법

1 재료 준비하기 | 냄비에 물을 올려 끓이고 재료는 깨끗이 씻어서 준비한다.

2 표고버섯 불리기 | 따뜻한 물에 표고버섯을 불린다.

3 닭 손질 및 토막 내기 | 닭은 내장과 기름기를 제거하고 깨끗이 씻은 뒤 4~5cm 길이로 토막 친다.

4 닭 데치기 | 닭은 끓는 물에 데쳐낸다.

5 당근 썰기 | 당근은 밤톨 크기로 썰어 모서리를 다듬는다.

6 양파 썰기 | 양파는 속과 겉을 분리하고 따로 3~4등분(3cm×3cm)으로 썬다.

7 표고 썰기 | 불린 표고버섯은 크기에 따라 2~4등분 한다.

8 양념장 만들기 | 파·마늘은 다지고 생강은 즙을 내어 간장 2큰술, 설탕 1큰술, 다진 파·마늘 1작은술, 후추·깨소금 약간, 참기름 1작은술, 물 1컵, 생강즙 1/2작은술 정도를 넣고 양념장을 만든다.

9 은행 볶기 및 지단 부치기 | 은행은 뜨거운 팬에 기름을 두르고 볶아 껍질을 벗겨내고 달걀은 황·백으로 나눠 지단을 부친다.

10 찌기 | 냄비에 닭을 넣고 양념장 2/3 정도와 물 1컵 정도를 부어 강한 불에서 끓으면 당근을 넣고 중간 불에서 익힌다. 닭이 반쯤 익으면 양파, 표고버섯, 나머지 양념을 넣고 천천히 끓여 닭과 채소, 양념이 어우러지게 한다. 국물이 어느 정도 남았을 때 강한 불에서 국물을 끼얹어 가며 윤기 나게 조린다.

11 지단 썰기 | 지단을 마름모꼴로 잘라 놓는다.

12 담아 완성하기 | 국물이 1큰술 정도 남았을 때 불을 끄고 그릇에 담아 지단과 은행을 얹어 낸다.

TiP!

- 당근이 익지 않으면 채점대상에서 제외되므로 닭과 당근을 같이 넣어 당근이 충분히 익도록 한다.
- 양념을 추가로 사용해서 찜의 색깔과 윤기를 더할 수 있다.

30분

돼지갈비찜

"끓는 물에 돼지갈비를 데쳐 기름기를 제거하고 양념에 재워 채소와 함께 끓인 찜요리이다."

1 갈비는 찬물에 담아 핏물을 제거하여 사용하시오.
2 갈비는 전량을 국물과 함께 담아 제출하시오.

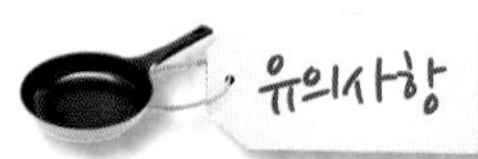

1 갈비가 잘 무르도록 하며 부서지지 않아야 한다.
2 감자와 당근은 사방 3cm 정도로 모서리를 다듬어 사용하시오.
3 부재료인 채소는 잘 익고 형태가 흐트러지지 않아야 하며, 완성품의 색깔에 유의한다.

재료

01 주재료

돼지갈비(5cm 토막) ············ 200g
감자(1/2개) ························ 150g
당근(7cm 정도) ···················· 50g
양파(1/3개) ························· 50g
홍고추 ································ 1/2개
대파(4cm 정도) ··················· 1토막
마늘 ···································· 2쪽
생강 ···································· 10g
백설탕 ································· 20g
검은 후춧가루 ······················· 2g
깨소금 ································· 5g
참기름 ································· 5mL
진간장 ································· 40mL

02 갈비 양념

간장 ································· 2큰술
설탕 ································· 1큰술
다진 파 ··························· 1/8큰술
다진 마늘 ························ 1/6큰술
생강즙 ································ 약간
후추 ······························ 1/10큰술
깨소금 ···························· 1작은술
참기름 ···························· 1작은술
물 ···································· 1.5컵

만드는 방법

1 재료 준비하기 | 재료는 깨끗이 씻어서 준비한다.

2 감자, 양파 껍질 제거 | 감자, 양파는 껍질 벗겨서 준비한다.

3 돼지갈비 손질 | 기름기 부분과 힘줄을 떼어내고 5cm 정도로 잘라 칼집을 내고 한번 헹군 후 찬물에 15분 이상 담가 핏물을 제거한다.

4 당근, 감자 썰기 | 당근과 감자는 밤톨 모양으로 잘라 모서리를 다듬는다.

5 양파 썰기 | 양파는 큼직하게 3등분 정도(3cm×3cm)로 썬다.

6 고추 썰기 | 홍고추는 어슷 썰어 찬물에 헹궈 씨를 제거한다.

7 양념장 만들기 | 파·마늘은 다지고 생강은 즙을 내어 간장 2큰술, 설탕 1큰술, 다진 파 1/8큰술, 다진 마늘 1/6큰술, 생강즙 약간, 후추 1/10큰술, 깨소금 1작은술, 참기름 1작은술, 물 1.5컵 정도 넣고 양념장을 만든다.

8 갈비 데치기 | 물을 끓여 갈비를 데친다.

9 찌기 | 냄비에 데친 갈비를 넣고 양념장 2/3 정도와 물을 갈비가 잠길 정도로 자작하게 부은 다음 당근도 같이 넣고 뚜껑을 덮어 중간 불에서 익힌다. 갈비가 반쯤 익으면 감자를 넣고 양파는 조금 늦게 넣어 물러지지 않게 한다. 국물이 반 정도 남았을 때 뒤집어가며 간이 골고루 배게 찜을 한다. 강한 불에서 뚜껑을 열고 국물을 끼얹어 가며 윤기 나게 조려 걸쭉한 국물이 남을 때까지 조려준다.

10 담아 완성하기 | 국물이 1큰술 정도 남았을 때 불을 끄고 그릇에 돼지갈비와 나머지 재료를 담고 남은 국물을 끼얹어 낸다.

TiP!

- 갈비는 오래 데치지 말고 가볍게 살짝 데쳐준다.
- 적은 양의 갈비를 익힐 때는 갈비와 당근을 동시에 넣어 익힌다.
- 완성품은 국물을 반드시 끼얹어 촉촉하게 제출한다.
- 찜 요리는 수분과 증기에 익어야 되므로 뚜껑을 덮어 익힌다.

25분

북어찜

“말린 북어나 코다리를 불려 양념장을 넣고 부드럽게 쪄낸 찜 요리로 북어는 다른 생선보다 지방이 적어서 담백한 맛을 내고 국을 끓여 먹으면 간장의 해독 기능을 도와준다고 알려져 있다.”

1 완성된 북어의 길이는 5cm가 되도록 하시오.
2 북어찜은 3토막 이상 제시하시오.

1 북어를 다듬을 때 부서지지 않도록 한다.
2 북어찜이 딱딱하지 않게 한다.

재료

01 주재료

- 북어포(반을 갈라 말린 껍질이 있는 것, 1마리) ······ 40g
- 진간장 ······ 30mL
- 실고추 ······ 1g
- 백설탕 ······ 10g
- 대파(4cm) ······ 1토막
- 마늘 ······ 2쪽
- 생강 ······ 5g
- 검은 후춧가루 ······ 2g
- 깨소금 ······ 5g
- 참기름 ······ 5mL

02 양념간장

- 진간장 ······ 2큰술
- 설탕 ······ 2작은술
- 다진 파 ······ 1작은술
- 다진 마늘 ······ 1/2작은술
- 다진 생강 ······ 약간
- 후추 ······ 적당량씩
- 깨소금 ······ 적당량씩
- 참기름 ······ 적당량씩
- 물(1/2컵) ······ 약 80mL 정도

만드는 방법

1 재료 준비하기 | 재료는 깨끗이 씻어서 준비하고 실고추는 2cm 정도 잘라 따로 담아 놓는다.

2 북어 손질 | 북어포의 머리를 가위나 칼로 잘라 물에 충분히 적셔 둔다.

3 찜 양념장 만들기 | 파, 마늘, 생강을 다져서 진간장 2큰술, 설탕 2작은술, 다진 파 1작은술, 다진 마늘 1/2작은술, 다진 생강 약간, 후추·깨소금·참기름 적당량씩, 물 1/2컵(약 80mL) 정도 넣고 양념장을 만든다.

4 북어 손질 | 부드럽게 불린 북어포는 행주로 물기를 제거하고 밀대로 살살 두드려 가시를 발라낸 다음 꼬리, 지느러미, 잔가시 등을 제거한 후 6cm 정도 크기의 3토막으로 자르고 껍질 쪽에 칼집을 넣어 오그라들지 않게 한다.

5 찌기 | 냄비에 북어를 켜켜이 담으면서 양념장을 끼얹고 물을 자작하게 부은 후 뚜껑을 덮어 강한 불로 끓이다가 양념이 반 정도 줄면 약한 불에서 양념을 조금씩 끼얹어 가며 천천히 끓인다. 북어가 잘 무르고 국물이 조금 남았을 때 실고추를 얹고 국물이 3~4숟가락 남을 때까지 뜸을 들인다.

6 담아 완성하기 | 북어를 졸여진 국물과 같이 담는다.

TiP!

- 북어포는 충분히 물에 적셔 손질한다.
- 손질된 북어는 완성품 길이보다 더 길게 잘라 오그라들지 않도록 껍질 쪽에 칼집을 넣는다.
- 북어찜의 색깔에 따라 간장 빛깔을 조절한다.
- 북어찜은 오래 익히면 크기가 줄어들므로 주의한다.

25분

달걀찜

"달걀을 곱게 풀어 물을 달걀의 2배가 되도록 섞고 새우젓이나 소금으로 간을 하여 고명을 얹어 쪄낸 음식이다."

1 새우젓은 국물만 사용하고 실고추, 실파는 1cm 정도로 썰어 고명으로 사용하시오.
2 석이버섯은 채썰어(0.2cm×1cm 정도) 양념하여 볶아 고명으로 사용하시오.
3 달걀찜은 중탕하거나 찜통에 찌시오.

1 물과 달걀의 비율에 유의한다.
2 달걀찜은 부드럽고 고명의 색은 선명하도록 한다.

재료

달걀 ···· 1개
새우젓 ···· 10g
실파 ···· 1뿌리
석이버섯 ···· 5g
실고추 ···· 1g
소금 ···· 5g
참기름 ···· 5mL

만드는 방법

1 **재료 준비하기** | 재료는 깨끗이 씻어서 준비하고 실고추는 1cm 정도 잘라 따로 담아 놓는다.

2 **석이버섯 불리기** | 석이버섯은 따뜻한 물에 불린다.

3 **실파 자르기** | 실파는 푸른 잎 부분을 1cm×0.1cm로 썬다.

4 **석이버섯 손질 및 썰기** | 석이버섯은 이끼를 제거하고 비벼 씻은 다음 0.2cm×1cm로 채썰고 소금, 참기름으로 양념한다.

5 **석이버섯 볶기** | 기름을 두르지 않은 팬에 뭉치지 않게 살짝 볶아 준다.

6 **새우젓 짜기** | 새우젓을 다져서 국물을 짜 놓는다.

7 **찌기** | 달걀은 잘 풀어서 물 120~150mL, 새우젓 5mL 정도 넣어 다시 풀어 주고 잘 섞은 다음 체에 내린다.

8 **담아 완성하기** | 찜그릇에 담아 뚜껑이나 호일을 씌워 물이 끓는 냄비에 넣고 중탕으로 12분~15분 정도 쪄주는데 달걀물이 익으면 실파, 석이버섯, 실고추를 올려서 뜸을 들인 후 꺼낸다.

TiP!

- 달걀 1개의 실량은 50g 정도이며 물은 이의 2배인 100cc 정도를 부어 체에 내린다.
- 새우젓 국물은 달걀 1개 분량에 원액으로 5mL 정도 넣으면 적당하다.
- 불이 세면 달걀 표면이 거칠어지므로 불은 최대한 약한 불에서 익힌다.
- 냄비 속에 젖은 행주 또는 일회용 젓가락, 호일 2~3겹을 깔고 찜 그릇을 넣고 중탕하면 달걀물이 흔들리지 않고 곱게 쪄진다.
- 중탕할 때 스테인리스 그릇을 이용하면 편리하다.

50분

어선

❝민어나 광어 등 신선한 흰살 생선을 넓고 얇게 포를 떠서 달걀지단, 오이, 버섯 등의 소를 넣고 말아서 쪄낸 음식으로 여름철 주안상에 잘 어울리는 음식이며 겨자장을 찍어 먹는다.❞

1 생선살은 어슷하게 포를 떠서 사용하시오.
2 오이는 돌려깎기, 당근과 표고버섯은 채썰기, 달걀은 황·백지단채로 만들어 속재료(소)로 사용하시오.
3 완성된 어선은 지름은 3cm, 두께는 2cm 정도로 6개를 제출하시오.

1 속재료가 중앙에 위치하도록 하고 생선살이 터지지 않게 한다.
2 속재료(소)용 채소는 볶아서 사용하고, 각 속재료(소)들의 처리에 유의한다.
3 녹말가루를 적절하게 사용하고 생선과 녹말가루는 잘 익고, 속재료(소)들의 색깔은 선명하도록 찌는 것에 유의한다.
4 완성된 모양이 잘 유지되도록 자르는 데 유의한다.

재료

01 주재료

동태(500g 정도) ··· 1마리
달걀 ··· 1개
당근(7cm) ··· 50g
건표고버섯 ··· 2장
오이 ··· 1/3개
백설탕 ··· 15g
생강 ··· 10g
소금 ··· 10g
흰 후춧가루 ··· 2g
진간장 ··· 20mL
참기름 ··· 5mL
식용유 ··· 30mL
녹말가루 ··· 30g

02 생선살 밑간

소금 ··· 약간
흰 후춧가루 ··· 약간
생강즙 ··· 약간

만드는 방법

1 **재료 준비하기** | 재료는 깨끗이 씻어서 준비한다.

2 **표고버섯 불리기** | 뜨거운 물에 표고버섯을 불린다.

3 **오이 썰기** | 오이는 5cm로 잘라 돌려깎기 하여 채썰어 소금에 절인다.

4 **당근 채썰기** | 당근도 5cm로 잘라 채썰어 준비한다.

5 **생선 손질하기** | 동태는 비늘, 내장, 지느러미 등을 제거하여 깨끗이 씻어 물기를 닦고 세장 뜨기 한다. 생선의 껍질이 도마에 닿게 두고 꼬리 쪽에 칼날을 넣고 칼을 밀어 왼손으로 껍질을 당기면서 껍질을 벗겨낸다.

6 **생선 포 뜨기** | 손질한 생선은 길이 10~13cm 정도로 얇고 어슷하게 포를 떠서 소금, 흰 후춧가루, 생강즙을 뿌려둔다.

7 **표고버섯 간하기** | 불린 표고버섯은 기둥을 떼고 채썰어 간장, 설탕, 참기름으로 양념장을 만들어 양념하여 무친다.

8 **지단 부치기** | 달걀은 황·백으로 나누어 부친 후 채썬다.

9 **볶기** | 팬에 기름을 두르고 달구어지면 오이, 당근(소금간 할 것), 표고버섯을 각각 볶아낸다.

10 **어선 말기** | 도마에 김발을 놓고 그 위에 젖은 면보를 깐 다음, 생선살을 10~13cm 폭으로 빈틈없이 펴서 녹말가루를 뿌린 후 볶아 놓은 재료들을 색을 맞추어 가지런히 놓고 직경이 3cm 정도로 말아 준다.

11 **찌기** | 김이 오른 찜통에 약 10~13분쯤 쪄준다.

12 **썰기** | 식으면 2cm 두께로 톱질하듯이 6개 자른다.

13 **담아 완성하기** | 접시에 보기 좋게 담아낸다.

TiP!

- 생선살 위에 녹말가루를 너무 많이 뿌리면 생선살이 익지 않은 것처럼 보인다.
- 어선 속에 들어가는 재료들은 색깔이 선명하도록 볶는다.
- 생선의 껍질을 잘 벗기려면 지느러미에서 3mm 안쪽에 길게 칼집을 넣는다.

25분

오이선

"오이를 길이로 반을 자른 후 칼집을 넣어 그 사이에 여러 가지 고명을 소로 넣고 단촛물을 끼얹어 만든 음식으로 육류요리와 잘 어울린다."

1 오이는 길이로 1/2등분한 후, 4cm 간격으로 어슷하게 썰어 4개를 만드시오(반원 모양).
2 일정한 간격으로 3군데 칼집을 넣고 부재료를 일정량씩 색을 맞춰 끼우시오(단, 달걀은 황 · 백으로 분리하여 사용하시오).
3 단촛물을 오이선에 끼얹어 내시오.

1 오이를 볶을 때는 고유의 색이 변하지 않게 주의한다.
2 어슷하게 칼집을 넣은 부분이 떨어지지 않도록 한다.
3 단촛물 배합에 주의한다.

재료

01 주재료

- 오이 ···· 1/2개
- 소고기 ···· 20g
- 건표고버섯 ···· 1개
- 달걀 ···· 1개
- 참기름 ···· 5mL
- 검은 후춧가루 ···· 1g
- 소금 ···· 20g
- 진간장 ···· 5mL
- 백설탕 ···· 5g
- 식용유 ···· 15mL
- 깨소금 ···· 5g
- 식초 ···· 10mL
- 대파(4cm) ···· 1토막
- 마늘 ···· 1쪽

02 단촛물

- 설탕 ···· 1작은술
- 소금 ···· 1/2작은술
- 식초 ···· 1작은술
- 물 ···· 1작은술

03 양념장(소고기, 표고버섯)

- 간장 ···· 1작은술
- 설탕 ···· 1/2작은술
- 다진 파 ···· 약간씩
- 다진 마늘 ···· 약간씩
- 후추 ···· 약간씩
- 깨소금 ···· 약간씩
- 참기름 ···· 약간씩

만드는 방법

1 재료 준비하기 | 재료는 깨끗이 씻어서 준비하고 오이는 소금으로 비벼 깨끗이 씻는다.

2 표고버섯 불리기 | 뜨거운 물에 표고버섯을 불린다.

3 오이 썰기 | 오이는 길이로 반 갈라 4cm 간격으로 어슷하게 썰어 4조각이 나오게 한다. 각 조각에 일정한 간격으로 세 번 칼집을 어슷하게 넣어 소금물에 절인다.

4 소고기 채썰기 | 소고기는 2~3cm 이내로 곱게 채 썬다.

5 양념장 만들기 | 파·마늘은 곱게 다지고 간장 1작은술, 설탕 1/2작은술, 다진 파·마늘 약간씩, 후추·깨소금·참기름 약간씩 넣어 양념장을 만든다.

6 소고기, 표고버섯 양념하기 | 불린 표고버섯은 두꺼우면 얇게 저며 고운 채로 썰고 양념장으로 양념한다. 소고기도 같은 양념장으로 양념한다.

7 지단 부치기 | 달걀은 황·백으로 분리하여 소금으로 간하여 지단을 부쳐 길이 3cm, 폭 0.1cm 정도로 자른다.

8 볶기 | 소금에 절인 오이는 물기를 제거하고 기름 두른 뜨거운 팬에 파랗게 볶고 양념한 소고기와 표고버섯도 볶는다.

9 소 넣기 | 오이 중앙에 고기와 표고버섯, 양쪽에 황·백지단을 넣는다.

10 단촛물 만들기 | 설탕 1작은술, 소금 1/2작은술, 식초 1작은술, 물 1작은술을 섞어 단촛물을 만든다.

11 담아 완성하기 | 오이선은 그릇에 담고 단촛물을 완성된 오이선 위에 끼얹는다.

TiP!

- 오이선의 칼집은 일정한 간격으로 뉘어서 넣는다.
- 속재료는 곱고 가늘게 채썰어야 모양이 보기 좋다.
- 단촛물은 내기 직전에 끼얹어야 오이의 색이 변색되지 않는다.
- 오이는 약간 따뜻한 물에 불려야 잘 절여지고 그래야 소를 끼울 때 갈라지지 않는다.

35분

호박선

"애호박을 반으로 갈라서 토막 내고 어슷하게 넣은 칼집 사이에 소를 채워서 장국을 부어 끓인 채소 찜 요리로 선(膳)은 식물성 식품에 소를 넣고 녹두 녹말을 씌워 쪄내기도 한다."

요구사항

1 애호박은 길이로 반을 갈라서 4cm 길이로 어슷썰기를 한 후 3번 칼집을 넣으시오.

2 황·백지단은 0.1cm×0.1cm×2cm로, 실고추는 2cm 정도로, 잣은 반으로 쪼개어(비늘잣) 석이버섯과 고명으로 호박선 위에 올리시오.

3 호박선은 2개를 겨자장과 곁들여 제출하시오.

※호박을 열십(十)자로 칼집을 내어 제출하는 경우는 오작으로 처리

유의사항

1 호박은 소금물에 살짝 절여서 쓰고, 호박의 껍질 색을 살려 익힌다.

2 소고기, 표고버섯, 당근은 채썰어 양념한다.

재료

01 주재료

- 애호박 ········· 150g
- 소고기 ········· 20g
- 진간장 ········· 10mL
- 대파(4cm) ········· 1토막
- 마늘 ········· 1쪽
- 건표고버섯 ········· 1개
- 검은 후춧가루 ········· 1g
- 깨소금 ········· 5g
- 참기름 ········· 5mL
- 당근 ········· 50g
- 달걀 ········· 1개
- 실고추 ········· 1g
- 잣 ········· 3개
- 석이버섯 ········· 5g
- 소금 ········· 10g
- 겨잣가루 ········· 5g
- 식초 ········· 5mL
- 백설탕 ········· 10g
- 식용유 ········· 10mL

02 양념장(소고기, 표고버섯)

- 간장 ········· 1작은술
- 설탕 ········· 1/2작은술
- 다진 파 ········· 약간
- 다진 마늘 ········· 약간
- 후추 ········· 약간
- 깨소금 ········· 약간
- 참기름 ········· 1작은술

만드는 방법

1 재료 준비하기 | 재료는 깨끗이 씻어서 준비하고 실고추는 2cm로 자르고 잣과 함께 따로 둔다.

2 표고버섯, 석이버섯 불리기 | 표고버섯은 끓인 물에, 석이버섯은 따뜻한 물에 불린다.

3 애호박 썰기 | 길이로 반을 갈라 45° 각도로 4cm 길이로 잘라서 어슷하게 3번 칼집을 내어 소금물에 20분 이상 절인다.

4 당근 썰기 | 5cm 정도로 아주 곱게 채를 썬 다음 끓는 물에 소금을 약간 넣고 살짝 데쳐 소금, 참기름에 무친다.

5 소고기, 표고버섯 썰기 | 소고기와 표고버섯도 당근 정도 길이로 곱게 채를 썬다.

6 석이버섯 썰기 | 이끼를 제거하고 손으로 문질러 씻은 후 채썬다.

7 양념장 만들기 | 대파와 마늘은 곱게 다져서 간장 1작은술, 설탕 1/2작은술, 다진 파·마늘, 후추·깨소금 약간, 참기름 1작은술로 양념장을 만든다.

8 양념하기 | 소고기와 표고버섯을 양념한다.

9 지단 부치기, 석이버섯 볶기 | 황·백지단을 부쳐 식힌 후 2cm로 자른다. 석이버섯은 소금, 참기름으로 무쳐 볶아 둔다.

10 호박선 만들기 | 애호박은 물기를 제거하고 소고기, 표고버섯, 당근을 섞어서 칼집 사이에 넣어 준다.

11 국물 만들기 | 물 1컵, 소금 1/3작은술, 간장 1작은술, 후추 약간 넣어 국물을 만든다.

12 익히기 | 국물에 호박선을 넣어 국물이 0.5컵 정도 남을 때까지 익혀준다.

13 겨자 발효 | 겨잣가루는 따뜻한 물에 개어 10분 정도 발효 시킨다.

14 겨자 소스 만들기 | 겨자 갠 것 1작은술, 식초 1.5작은술, 설탕 1작은술, 소금 0.1작은술, 간장 약간을 넣어 소스를 만든다.

15 담아 완성하기 | 그릇에 호박선을 담고 국물을 1~2수저 정도 넣고 황·백지단채, 석이버섯채, 실고추, 잣을 고명으로 얹는다. 겨자즙을 곁들여 낸다.

TiP!

- 애호박의 시작과 끝을 45° 로 잘라야 한다.
- 속 재료는 곱고 짧게 채썰어야 칼집 사이에 쉽게 끼울 수 있고 완성 시 보기가 좋다.
- 오이선은 속 재료를 볶아 끼워 완성하지만 호박선은 볶아 끼우면 오작 처리되므로 주의한다.

<찜 · 선 조리작업 상황에서 고려사항>

- 찜은 생선, 가금류, 육류 등에 갖은 양념과 부재료를 넣어 국물을 붓고 푹 끓이거나 찜통에 찌는 요리를 말한다.
- 돼지갈비찜, 갈비찜, 닭찜 등 육류를 이용한 찜은 고기를 손질하여 핏물을 빼고 끓는 물에 살짝 데치거나 기름에 볶아 육류의 지방과 누린내를 제거하고 조리한다.
- 선은 호박, 오이, 가지, 두부, 배추 등 식물성 식품에 칼집을 내어 소금에 절인 후 헹구어 소를 넣어 볶거나 찜을 하는 요리를 말한다.
- 찜 · 선의 종류에 따라 겨자즙이나 초간장을 곁들인다.
- 찜 · 선의 전 처리란 조리재료와 방법에 따라 다듬기, 씻기, 밑간하기, 데치기, 핏물제거, 썰기 등을 말한다.

-제6장-

조림·초·볶음 조리

NCS 분류번호 1301010107_14v2

조림·초·볶음 조리란 육류, 어패류, 채소류 등에 간장이나 고추장을 넣어 재료에 맛이 충분히 배이도록 조려내거나 볶음조리를 할 수 있는 능력이다.

능력단위요소	수행준거
1301010107_14v2.1 조림·초·볶음 재료 준비하기	1.1 조리법을 고려하여 적합한 재료를 선택할 수 있다. 1.2 조리에 사용하는 재료를 필요량에 맞게 계량할 수 있다. 1.3 조림·초·볶음조리에 따라 도구와 재료를 준비할 수 있다. 1.4 조림·초·볶음조리의 재료에 따라 전 처리를 수행할 수 있다.
1301010107_14v2.2 조림·초·볶음 양념장 만들기	2.1 양념장 재료를 비율대로 혼합, 조절할 수 있다. 2.2 필요에 따라 양념장을 숙성할 수 있다. 2.3 만든 양념장을 용도에 맞게 활용할 수 있다
1301010107_14v2.3 조림·초·볶음 조리하기	3.1 조리종류에 따라 준비한 도구에 재료를 넣고 양념장에 조리거나 기름에 볶을 수 있다. 3.2 재료와 양념장의 비율, 첨가 시점을 조절할 수 있다. 3.3 재료가 눌어붙거나 모양이 흐트러지지 않게 화력을 조절하여 익힐 수 있다. 3.4 조리종류에 따라 국물의 양을 조절할 수 있다.
1301010107_14v2.4 조림·초·볶음 담아 완성하기	4.1 조리종류에 따라 그릇을 선택할 수 있다. 4.2 조리법에 따라 국물 양을 조절하여 담아낼 수 있다. 4.3 조림·초·볶음조리에 따라 고명을 얹어낼 수 있다.

25분

두부조림

"두부를 기름에 지진 뒤 간장양념에 조려 고명을 얹어내는 두부 찬으로 궁중에서는 조림을 조리개라고 하며 두부에 녹말을 묻혀 두부가 부서지지 않도록 조리하였다."

1 두부는 0.8cm×3cm×4.5cm로 써시오.
2 8쪽을 제출하고 촉촉하게 보이도록 국물을 약간 끼얹어 내시오.
3 실고추와 파채를 고명으로 사용하시오.

1 두부가 부서지지 않고 질기지 않게 한다.
2 조림은 색깔이 좋고 윤기가 나도록 한다.

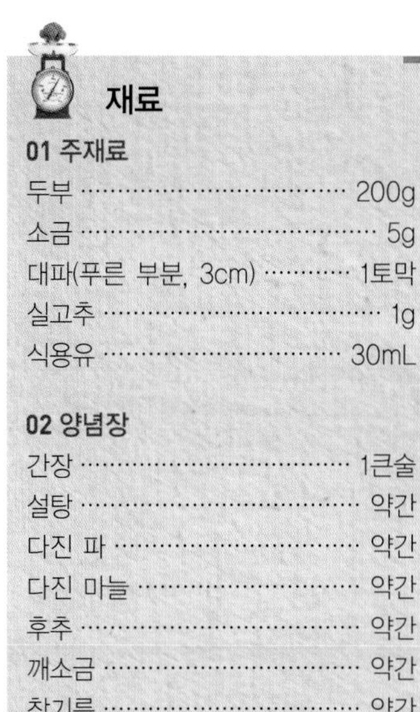

재료

01 주재료

두부 ········ 200g
소금 ········ 5g
대파(푸른 부분, 3cm) ········ 1토막
실고추 ········ 1g
식용유 ········ 30mL

02 양념장

간장 ········ 1큰술
설탕 ········ 약간
다진 파 ········ 약간
다진 마늘 ········ 약간
후추 ········ 약간
깨소금 ········ 약간
참기름 ········ 약간
물 ········ 3큰술

만드는 방법

1 재료 준비하기 | 재료는 깨끗이 씻어서 준비하고 실고추는 2cm로 잘라 따로 담아둔다.

2 두부 썰기 | 3cm×4.5cm×0.8cm 정도로 네모지게 썰어 소금을 뿌려 20분 정도 둔다. 파의 흰 부분은 다져 양념장에 쓰고, 푸른 부분은 2cm로 잘라 곱게 채썰어 놓는다.

3 양념장 만들기 | 마늘은 다지고 간장 1큰술, 설탕 0.5큰술, 다진 마늘 0.4큰술, 깨소금 1작은술, 참기름 1작은술, 후추 약간, 물 3큰술로 양념장을 만든다.

4 두부 지지기 | 두부의 물기를 닦고 기름을 두른 팬이 달궈지면 노릇하게 앞뒤로 지진다.

5 두부 조리기 | 냄비에 지진 두부를 넣고 양념장을 골고루 얹은 뒤 물을 가장자리에서 돌려 부어 은근한 불에서 국물을 끼얹어 가며 천천히 조린다. 어느 정도 조려지면 채 썬 파와 실고추를 고명으로 얹고 잠시 뚜껑을 덮어 국물이 3~4숟가락 정도 남을 때까지 뜸을 들인다.

6 담아 완성하기 | 그릇에 두부조림 8쪽을 담고 국물을 2큰술 정도 끼얹어 낸다.

TiP!

- 두부는 부서지지 않게 하고 기름을 너무 많이 넣으면 색이 잘 안 난다.
- 두부를 조릴 때 양념장이 적어 뚜껑을 덮어 조리면 타기 쉬우므로 뚜껑을 열고 국물을 끼얹어가며 조린다.
- 실고추와 파채를 얹어 주는 것이 너무 늦으면 실고추가 안착되지 않는다.
- 대파는 다지지 않는다.

20분

홍합초

"생홍합은 살만 떼어 내어 조리며, 말린 홍합은 충분히 부드럽게 불려서 조리는 요리로 술안주로 잘 어울리며 해삼이나 전복, 조갯살 등을 이용해 만들 수도 있는데 여기서 초(炒)란 윤기 나게 조린다는 의미이다."

1 마늘과 생강은 편으로, 파는 2cm 길이로 잘라 사용하시오.
2 홍합은 전량 사용하고, 촉촉하게 보이도록 국물을 끼얹어 제출하시오.
3 잣가루를 고명으로 뿌리시오.

1 홍합은 깨끗이 손질하도록 한다.
2 조려진 홍합이 너무 질기지 않아야 한다.

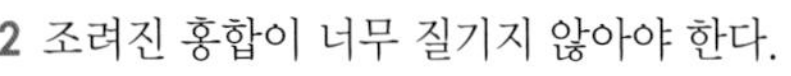

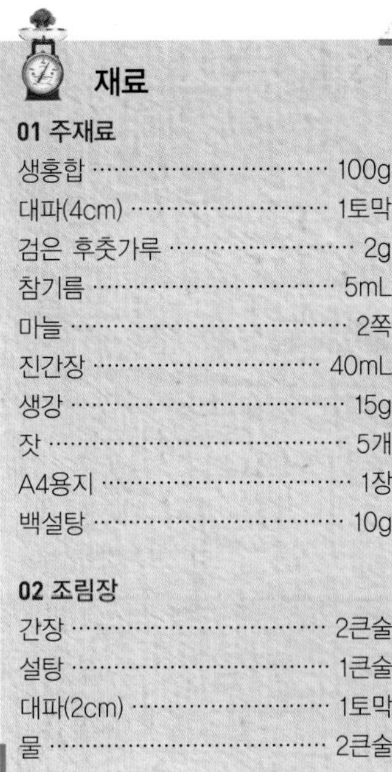

재료

01 주재료

생홍합	100g
대파(4cm)	1토막
검은 후춧가루	2g
참기름	5mL
마늘	2쪽
진간장	40mL
생강	15g
잣	5개
A4용지	1장
백설탕	10g

02 조림장

간장	2큰술
설탕	1큰술
대파(2cm)	1토막
물	2큰술

만드는 방법

1 재료 준비하기 | 재료는 깨끗이 씻어서 준비하고 홍합은 껍질은 골라내고 족사를 제거한 다음 소금으로 씻어 놓는다.

2 홍합 데치기 | 생홍합은 소금물에 흔들어 씻은 후 끓는 물에 살짝 데쳐내고 찬물에 헹궈 놓는다.

3 마늘, 생강, 파 썰기 | 마늘, 생강은 편으로 썰고, 파는 2cm 길이로 썬다.

4 잣가루 다지기 | 잣은 고깔을 제거하고 종이를 깔고 칼로 다져준다.

5 조림장 만들기 | 간장 2큰술, 설탕 1큰술, 물 2큰술을 넣고 조림장을 만든다.

6 조리기 | 냄비에 조림장을 넣고 끓으면 데친 홍합, 마늘, 생강편을 넣어 약한 불에서 국물을 끼얹어가며 윤기 나게 조린다. 거품은 제거해주고 물이 반 컵 정도 남을 때까지 조려서 파를 넣고 살짝 더 익혀주고 조림장이 3순가락 정도 남았을 때 후춧가루와 참기름을 넣는다.

7 담아 완성하기 | 그릇에 홍합초를 담고 국물을 약간 끼얹고 잣가루를 뿌린다.

TiP!

- 초(炒)란 윤기 나게 조린다는 의미로 어패류나 해물(전복, 소라, 홍합)등을 데쳐서 조린 조림이다.
- 홍합 양이 적으면 타기 쉬우므로 끓으면 뚜껑을 열고 조린다.
- 간장 종류에 따라 색이 달라질 수 있으니 양 조절에 유의한다.
- 조림장에 후추 양이 많으면 검은색으로 변하므로 거의 보이지 않을 정도로 적게 넣는다.

30분

오징어볶음

“오징어의 껍질을 제거하고 칼집을 넣은 다음 썰어서 채소와 같이 고추장 양념으로 볶은 음식으로 술안주나 밥반찬으로 즐겨먹는 요리이다.”

1 오징어는 0.3cm 폭으로 어슷하게 칼집을 넣고, 크기는 4cm×1.5cm 정도로 써시오(단, 오징어 다리는 4cm 길이로 자른다).

2 고추, 파는 일정하게 어슷썰기, 양파는 폭 1cm 정도 일정하게 굵게 채썬다.

1 오징어 손질 시 먹물이 터지지 않도록 유의한다.

2 완성된 양념 상태는 고춧가루 색이 배도록 한다.

재료

01 주재료

물오징어(250g) ······ 1마리
소금 ······ 5g
진간장 ······ 10mL
백설탕 ······ 20g
참기름 ······ 10mL
깨소금 ······ 5g
풋고추 ······ 1개
홍고추 ······ 1개
양파(1/3개) ······ 50g
마늘 ······ 2쪽
대파(4cm) ······ 1토막
생강 ······ 5g
고춧가루 ······ 15g
고추장 ······ 50g
검은 후춧가루 ······ 2g
식용유 ······ 30mL

02 고추장 양념

고추장 ······ 3큰술
고춧가루 ······ 1큰술
설탕 ······ 1큰술
간장 ······ 약간
다진 마늘 ······ 0.5큰술
다진 생강 ······ 0.5큰술
후추 ······ 0.1작은술
깨소금 ······ 1작은술
참기름 ······ 1작은술
소금 ······ 약간

만드는 방법

1 재료 준비하기 | 재료는 깨끗이 씻어서 준비한다.

2 오징어 손질하기 | 배를 갈라 내장과 뼈를 제거하고 지느러미(귀)를 떼어내고 껍질을 벗긴다. 다리도 껍질을 벗기고 4cm로 자른다. 몸통과 다리는 소금으로 비벼서 깨끗이 씻는다. 몸통 안쪽에 0.3cm 폭으로 대각선으로 좌우에서 칼집을 넣은 다음 4cm×1.5cm 크기로 자른다.

3 고추 썰기 | 어슷하게 썰어 물에 씻어 씨를 제거한다.

4 양파 썰기 | 겉과 속 부분을 따로 분리하여 폭 1cm 정도로 일정하게 썬다.

5 파 썰기 | 0.5cm 폭으로 어슷하게 썰어 놓는다.

6 고추장 양념 만들기 | 마늘과 생강은 다지고 고추장 3큰술, 고춧가루 1큰술, 설탕 1큰술, 간장 약간, 다진 마늘 0.5큰술, 다진 생강 0.5큰술, 후추 0.1작은술, 깨소금 1작은술, 참기름 1작은술, 소금 약간을 넣어 만든다.

7 볶기 | 기름을 두른 팬이 달궈지면 양파, 풋고추, 홍고추, 대파를 볶고 양념장을 넣어 다시 볶는다. 상태를 보면서 고추장 양념을 가감한 다음 오징어를 넣고 볶는다. 참기름을 살짝 넣어 마무리한다.

8 담아 완성하기 | 그릇에 다리 부분을 먼저 깔고 칼집을 낸 몸통 부분이 위로 보이도록 채소와 조화롭게 담아낸다.

TiP!

- 오징어는 내장 쪽에 칼집을 일정하게 넣고 동글게 말리지 않도록 한다(가로를 길이로 세로를 폭으로 잡는다).
- 칼집을 깊게 넣어야 잘 말린다.
- 채소를 먼저 볶은 후 오징어를 넣고 짧은 시간에 볶아야 물이 생기지 않는다.
- 오징어가 익으면서 수축되는 것을 감안하여 완성 크기보다 크게 썬다.

<조림 · 초 · 볶음 조리작업 상황에서 고려사항>

- 조림·초·볶음의 전 처리란 재료의 특성에 따라 다듬기, 씻기, 썰기를 말한다.
- 조림의 종류는 수조육류와 어패류 조림, 채소 조림 등이 있으며 양념장과 함께 조려낸 것이다.
- 조림·초·볶음의 양념장은 간장 양념장과 고추장 양념장이 있다.
- 조림·초·볶음 능력단위는 다음과 같은 작업상황이 필요하다.
  - 조림국물은 재료가 잠길 만큼 충분하게 부어 조린 후 타지 않게 약한 불로 조려야 한다.
  - 소고기 장조림은 먼저 고기를 무르게 삶아 양념장을 넣고 조려야 간도 잘 배고 육즙과 어우러져 국물 맛이 좋으며 고기도 연하다(양념장을 처음부터 고기와 함께 넣고 삶으면 육즙이 빠져 고기가 질겨진다).
  - 초는 해삼, 전복, 홍합 등의 재료에 간장양념을 넣고 약한 불에서 끓이는 조림보다 간이 약하고 단 음식이다. 국물이 거의 없게 윤기 나게 조려내는 것이 특징이다. 필요에 따라 마지막에 전분 물을 넣어 걸쭉하고 윤기 나게 만들기도 한다.

-제7장-

전·적·튀김 조리

NCS 분류번호 1301010108_14v2

전·적·튀김 조리란 육류, 어패류, 채소류 등의 재료를 익기 쉽게 썰고 꼬치에 꿰어서 밀가루와 달걀물을 입히거나 밀가루 등의 반죽에 섞어서 기름을 두르고 지지거나 튀겨 내는 능력이다.

능력단위요소	수행준거
1301010108_14v2.1 전·적·튀김 재료 준비하기	1.1 조리특성에 맞게 신선하고 적합한 재료를 선택할 수 있다. 1.2 전·적·튀김재료를 필요량에 맞게 계량할 수 있다. 1.3 전·적·튀김에 맞추어 도구를 준비할 수 있다. 1.4 전·적·튀김의 종류에 맞추어 재료를 전 처리하여 준비할 수 있다.
1301010108_14v2.2 전·적·튀김 조리하기	2.1 밀가루, 달걀 등의 재료를 섞어 반죽 물 농도를 맞출 수 있다. 2.2 조리의 종류에 따라 속 재료 및 혼합재료 등을 만들 수 있다. 2.3 주재료에 따라 소를 채우거나 꼬치를 활용하여 전·적의 형태를 만들 수 있다. 2.4 재료와 조리법에 따라 기름의 종류·양과 온도를 조절하여 지지거나 튀길 수 있다.
1301010108_14v2.3 전·적·튀김 담아 완성하기	3.1 조리법에 따라 전·적·튀김그릇을 선택할 수 있다. 3.2 전·적·튀김의 조리는 기름을 제거하여 담아낼 수 있다. 3.3 전·적·튀김 조리를 따뜻한 온도, 색, 풍미를 유지하여 담아낼 수 있다.

30분

섭산적

"소고기를 곱게 다져 양념하여 으깬 두부와 섞어 넓적하게 반대기를 만들어 구운 산적으로 잘게 썰어 간장에 조리면 장산적이라 한다."

1 완성된 섭산적은 2cm×2cm×0.7cm로 하시오.
2 수량은 9개 이상을 제시하시오.
3 석쇠를 사용하여 구우시오.
4 고기와 두부의 비율을 3 : 1로 하시오.

1 다져서 양념한 소고기는 크게 반대기를 지어 구운 뒤 자른다.
2 고기가 타지 않게 잘 구워지도록 유의한다.

재료

01 주재료

소고기 ······ 80g
두부 ······ 30g
잣 ······ 10개
A4 용지 ······ 1장
식용유 ······ 30mL

02 고기 양념

소금 ······ 1/2작은술
다진 파 ······ 0.4큰술
다진 마늘 ······ 0.3큰술
소금 ······ 0.5작은술
설탕 ······ 1작은술
참기름 ······ 1작은술
후추 ······ 작은술
깨소금 ······ 작은술

만드는 방법

1 **재료 준비하기** | 재료는 깨끗이 씻어서 준비한다.

2 **소고기 다지기** | 기름기 없는 우둔살이나 대접살을 준비하여 핏물을 제거한 후 곱게 다진다.

3 **고기 물기 제거** | 다진 고기는 면보로 물기를 제거한다.

4 **두부 물기 짜서 으깨기** | 두부는 면보에 물기를 꼭 짠 후 칼등으로 으깨어 준다.

5 **양념하기** | 고기, 두부와 소금 1/2작은술, 다진 파 0.4큰술, 다진 마늘 0.3큰술, 소금 0.5작은술, 설탕 1작은술, 후추, 깨소금 작은술, 참기름 1작은술을 넣어 양념하고 잘 치대준다.

6 **모양 만들기** | 비닐을 깔고 양념한 고기를 놓고 두께가 0.8cm가 되게 비닐을 접어 모양을 만든 다음 윗면을 눌러 사각형 모양으로 만든 다음 칼 바닥을 이용해 평평하게 고른다. 비닐을 벗기고 가로 세로로 잔 칼집을 넣는다.

7 **굽기** | 석쇠에 기름을 발라 고기를 올려 석쇠 한 면에 펼쳐서 타지 않게 고루 굽는다. 아주 강한 불로 1분 정도 굽는다. 잣은 종이 위에 놓고 잘게 다져 보슬보슬하게 만든다.

8 **자르기** | 구운 섭산적이 식으면 가장자리를 정리하고 2cm×2cm×0.7cm 크기로 썬다.

9 **담아 완성하기** | 그릇에 담고 잣가루를 뿌려낸다.

TiP!

- 소고기와 두부는 곱게 다지고 꽉꽉 쥐어가며 치대면 결착력이 잘 생겨 빠른 시간에 완성할 수 있다.
- 소고기와 두부비율은 3 : 1 이다.
- 섭산적 반대기를 만들 때 도마 위에 식용유를 바르면 석쇠에 옮길 때 부서지지 않는다.
- 직화구이를 하면 수분증발이 일어나 산적의 두께가 얇아지기 때문에 완성된 크기보다 약간 두껍게 반대기 짓는다.

25분

생선전

"흰살 생선을 포를 떠서 밀가루와 달걀물을 씌워 지진 음식으로, 전은 기름을 둘러 지진다는 뜻으로 전유어, 저냐, 전냐 등으로 부르고 궁중에서는 전유화(煎油花)라고도 하였다."

1 생선전은 5cm×4cm×0.5cm로 하시오.
2 달걀은 흰자, 노른자를 혼합하여 사용하시오.
3 생선전은 8개 제출하시오.

1 생선살이 부서지지 않도록 한다.
2 달걀옷이 떨어지지 않도록 한다.

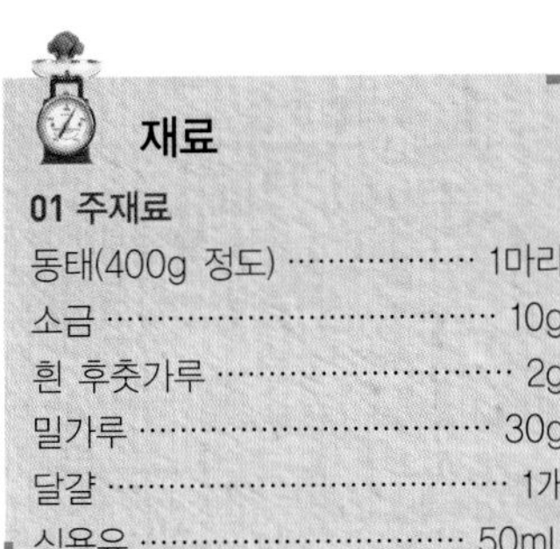

재료

01 주재료

동태(400g 정도) ········· 1마리
소금 ········· 10g
흰 후춧가루 ········· 2g
밀가루 ········· 30g
달걀 ········· 1개
식용유 ········· 50mL

만드는 방법

1 재료 준비하기 | 재료는 깨끗이 씻어서 준비한다.

2 생선 손질 | 비늘을 제거하고 머리는 잘라내고 배를 갈라 내장과 내장 안쪽의 검은 막까지 제거한 다음 깨끗이 씻는다. 껍질 쪽이 밑으로 가도록 두고 꼬리 쪽에 칼을 넣어 조금 떠 벗겨진 껍질을 왼손에 잡은 상태에서 칼을 밀어 껍질을 잡아당겨 가며 제거한다.

3 3장 뜨기 | 껍질 쪽이 도마에 닿게 해서 꼬리 쪽부터 칼을 뉘어서 포를 뜬다.

4 포 뜨기 | 손질된 생선살은 6cm×5cm×0.4cm가 되도록 포를 떠서 소금, 후추로 간한다. 달걀노른자에 흰자를 반 정도 섞고 소금을 넣어 잘 풀어 체에 내린다.

5 밀가루 묻히기 | 생선살을 마른 면보로 눌러 준 후 밀가루를 고루 묻힌다.

6 달걀 묻히기 | 달걀물을 골고루 묻힌다.

7 지지기 | 기름 두른 팬에서 노릇하게 지져낸다.

8 담아 완성하기 | 그릇에 8쪽을 보기 좋게 담는다.

TiP!

- 생선살은 요구사항보다 조금 크게 포를 떠서 양끝을 정리해서 지지면 깔끔하다.
- 지느러미를 중심으로 껍질에 배와 등 쪽 모두 칼집을 넣고 시작해야 잘 발라지고 빨리 바를 수 있다.
- 생선살이 부서지지 않도록 포를 뜬다.
- 밀가루는 미리 묻히지 말고 지지기 직전 묻히고 여분의 가루는 털어내고 지지면 전의 표면이 매끄럽고 색이 곱다.

20분

육원전

"곱게 다진 소고기 또는 돼지고기를 두부와 섞어서 둥글게 완자를 빚어서 밀가루와 달걀물에 무쳐 지져낸 음식으로 옛날 돈처럼 생겼다고 해서 돈전 또는 완자전이라고도 한다."

1 육원전은 직경이 4cm, 두께 0.7cm 정도가 되도록 하시오.

2 달걀은 흰자, 노른자를 혼합하여 사용하시오.

3 육원전 6개를 제출하시오.

1 고기와 두부의 배합이 맞아야 한다.

2 전의 속까지 잘 익도록 한다.

3 모양이 흐트러지지 않아야 한다.

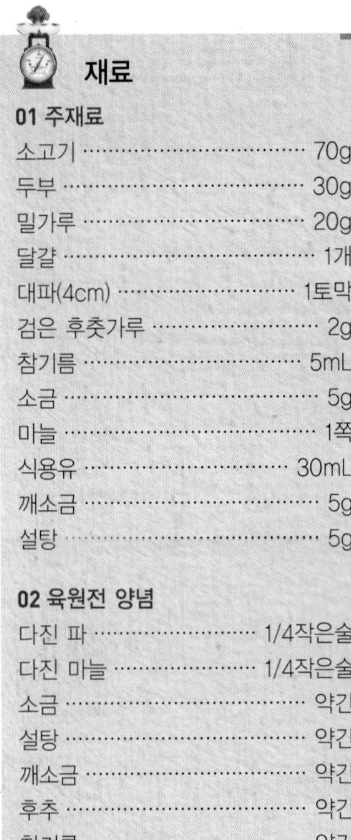

재료

01 주재료

소고기 ············ 70g
두부 ············ 30g
밀가루 ············ 20g
달걀 ············ 1개
대파(4cm) ············ 1토막
검은 후춧가루 ············ 2g
참기름 ············ 5mL
소금 ············ 5g
마늘 ············ 1쪽
식용유 ············ 30mL
깨소금 ············ 5g
설탕 ············ 5g

02 육원전 양념

다진 파 ············ 1/4작은술
다진 마늘 ············ 1/4작은술
소금 ············ 약간
설탕 ············ 약간
깨소금 ············ 약간
후추 ············ 약간
참기름 ············ 약간

만드는 방법

1 재료 준비하기 | 재료는 깨끗이 씻어서 준비한다.

2 소고기 다지기 | 기름기를 제거하고 곱게 다져 물기를 제거한다.

3 두부 으깨기 | 면보에 물기를 짜서 칼등으로 밀어 으깬다.

4 양념하기 | 파·마늘을 곱게 다져 고기와 두부는 3 : 1로 넣고 다진 파 · 마늘 1/4작은술, 소금·설탕·깨소금·후추·참기름 약간으로 양념한다.

5 완자 만들기 | 소고기와 두부를 합하여 양념을 넣어 고루 섞어 끈기가 나도록 치댄 후 일정량씩 떼어 동그랗게 빚어준 다음 손으로 살짝 눌러 두께 0.7cm, 직경 3cm 원형의 완자를 만든다.

6 밀가루 묻히기 | 밀가루를 묻히고 다시 표면을 매끄럽게 만져 준다.

7 달걀 묻히기 | 달걀은 노른자에 흰자 1큰술 정도 넣고 소금을 넣어 체에 내려 완자를 묻힌다.

8 지지기 | 팬에 기름을 약간 두르고 약한 불에서 지지고 어느 정도 익으면 가장자리도 익혀준다.

9 담아 완성하기 | 그릇에 육원전 6개를 담아낸다.

- 소고기는 곱게 다지고 두부는 잘 으깨어 끈기가 나도록 치대야 가장자리가 갈라지지 않고 익혔을 때 표면이 매끄럽다.
- 전은 지질 때 자주 뒤집지 않고 먼저 익혔던 부분을 위로 해서 제시한다.
- 빨리 뒤집어서 한쪽으로 달걀물이 흐르는 것을 방지한다.

20분

표고전

"말린 표고버섯을 불려서 물기를 제거하고 기둥을 떼어 갓의 안쪽에 간장으로 밑간하고 양념한 소고기로 소를 채워서 기름에 지진 음식이다."

1 표고버섯과 속은 각각 양념하시오.
2 완성된 표고전 5개를 제시하시오.

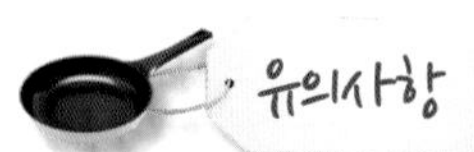

1 표고버섯의 색깔을 잘 살릴 수 있도록 해야한다.
2 고기가 완전히 익도록 해야 한다.

재료

01 주재료

건표고버섯 ········· 5개
소고기 ········· 30g
두부 ········· 15g
밀가루 ········· 20g
달걀 ········· 1개
소금 ········· 5g
식용유 ········· 20mL

02 고기소 양념

다진 파 ········· 1/4작은술
다진 마늘 ········· 1/4작은술
소금 ········· 약간
설탕 ········· 약간
깨소금 ········· 약간
후추 ········· 약간
참기름 ········· 약간

03 표고버섯 밑간

간장 ········· 약간
참기름 ········· 약간
설탕 ········· 약간

만드는 방법

1. **재료 준비하기** | 재료는 깨끗이 씻어서 준비한다.
2. **표고버섯 불리기** | 물을 끓여 표고버섯을 불린다.
3. **두부 으깨기** | 두부의 물기를 짜서 칼로 밀어 으깬다.
4. **소고기 다지기** | 소고기는 핏물을 제거한 후 곱게 다진다.
5. **소고기 양념하기** | 파·마늘은 곱게 다져서 소고기와 두부를 합하여 다진 파·마늘 1/4작은술, 소금·설탕·깨소금·후추·참기름 약간 넣고 양념하여 골고루 치댄다.
6. **표고버섯 손질** | 불린 표고버섯은 기둥을 떼고 면보에 살짝 눌러 물기를 짠다.
7. **표고버섯 간하기** | 표고버섯 안쪽에 유장을 바른다.
8. **표고버섯에 밀가루 묻히기** | 표고버섯 안쪽에 밀가루를 뿌리고 손가락으로 살짝 발라준다.
9. **소 넣기** | 양념한 고기소를 편편하게 채운다.
10. **밀가루 묻히기** | 밀가루를 묻히고 살살 눌러 매끈하게 정리한다.
11. **달걀 묻히기** | 달걀은 노른자에 흰자를 1큰술 정도 섞어 소금을 약간 넣어 잘 풀은 후 체에 내려 준비하고 옆으로 흐르지 않게 살짝 묻힌다.
12. **지지기** | 팬이 달궈지면 높지 않은 온도에서 팬의 가장자리에 달걀물이 흐르지 않게 소가 채워진 부분부터 지지고 뒷면도 살짝 익힌다.
13. **담아 완성하기** | 완성된 표고전을 그릇에 보기 좋게 담는다.

TiP!

- 고기소를 편편하게 채워야 달걀물을 골고루 지질 수 있다.
- 표고버섯은 기둥을 떼고 물기를 꼭 짜서 밑간해야 지질 때 물이 덜 생긴다.
- 전의 색을 살리기 위하여 흰자는 적당히 사용한다(고추전, 표고전, 육원전, 생선전).

25분

풋고추전

“작은 풋고추를 반으로 갈라 씨와 속을 제거하고 양념한 다진 소고기를 채워서 밀가루와 달걀옷을 입혀 지져낸 전이다.”

1 풋고추는 먼저 5cm 정도의 길이로 정리하여 소를 넣고 지져내시오(단, 주어진 재료의 크기에 따라 가감한다).
2 풋고추는 반을 갈라 데쳐서 사용하며 완성된 풋고추전은 8개를 제출하시오.

1 완성된 풋고추전의 색에 유의한다.

재료

01 주재료

- 풋고추 ········ 4개
- 소고기 ········ 30g
- 두부 ········ 15g
- 밀가루 ········ 15g
- 달걀 ········ 1개
- 대파(4cm) ········ 1토막
- 검은 후춧가루 ········ 1g
- 참기름 ········ 5mL
- 소금 ········ 5g
- 깨소금 ········ 5g
- 식용유 ········ 20mL
- 백설탕 ········ 5g
- 마늘 ········ 1쪽

02 고기소 양념

- 다진 파 ········ 1/4작은술
- 다진 마늘 ········ 1/4작은술
- 설탕 ········ 약간
- 소금 ········ 약간
- 후추 ········ 약간
- 깨소금 ········ 약간
- 참기름 ········ 약간

만드는 방법

1 **재료 준비하기** | 재료는 깨끗이 씻어서 준비한다.

2 **고추 손질하기** | 풋고추는 반으로 갈라 씨를 발라내고 5cm 길이로 잘라서 끓는 소금물에 살짝 데쳐 찬물에 식힌다.

3 **두부 으깨기** | 두부는 면보에 물기를 꼭 짜서 칼등으로 밀어서 으깬다.

4 **소고기 다지기** | 소고기는 핏물을 제거하여 곱게 다진다.

5 **양념하기** | 소고기와 두부를 합해 다진 파·마늘 1/4작은술, 설탕·소금·후추·깨소금·참기름을 약간 넣어 양념하여 치댄다.

6 **고추 속에 밀가루 묻히기** | 손질한 고추 안쪽에 밀가루를 살짝 뿌리고 털어낸다.

7 **소 넣기** | 소를 편편하게 채운다.

8 **밀가루 묻히기** | 밀가루를 묻히고 살살 만져서 매끈하게 정리한다.

9 **달걀 묻히기** | 달걀은 노른자에 흰자를 1큰술 정도 넣고 소금을 넣어 잘 풀어 체에 내려 소 쪽에만 달걀물이 옆으로 흐르지 않도록 묻힌다. 기름을 두른 팬에 소가 있는 쪽만 약한 불로 노릇하게 지진다.

10 **담아 완성하기** | 그릇에 보기 좋게 담는다.

TiP!

- 고추 길이가 10cm가 넘을 때는 양끝을 자르지 말고 고추의 중간 부분을 제거해 크기를 조절한다.
- 소고기와 두부를 곱게 다져 끈기 있게 쳐준 뒤 소를 채워 지지면 고추전의 표면이 매끄럽다.
- 색을 좋게 하기 위해 달걀흰자의 양을 줄여 사용한다.
- 초간장은 요구사항을 확인하고 제시한다.

35분

지짐누름적

"소고기와 도라지, 당근, 표고버섯 등을 익혀 실파와 함께 꼬치에 색을 맞추어 끼워 밀가루와 달걀물로 지져낸 음식이다."

1 누름적의 크기는 5cm×6cm×0.5cm 크기로 하시오.
2 누름적의 수량은 2개를 제시하고, 꼬치는 빼서 담으시오.

1 각각의 준비된 재료는 조화 있게 끼워서 색을 잘 살릴 수 있도록 지진다.
2 당근과 통도라지는 기름으로 볶으면서 소금으로 간을 한다.

재료

01 주재료

소고기 ································ 50g
건표고버섯 ································ 1장
당근 ································ 50g
통도라지 ································ 1개
쪽파 ································ 2뿌리
밀가루 ································ 20g
달걀 ································ 1개
참기름 ································ 5mL
산적꼬치 ································ 2개
식용유 ································ 30mL
소금 ································ 5g
진간장 ································ 10mL
대파(2cm) ································ 1토막
마늘 ································ 1쪽
검은 후춧가루 ································ 2g
백설탕 ································ 5g
깨소금 ································ 5g

02 소고기, 표고버섯 양념

간장 ································ 1작은술
설탕 ································ 1/2작은술
다진 파 ································ 약간
다진 마늘 ································ 약간
참기름 ································ 약간

만드는 방법

1 **재료 준비하기** | 재료는 깨끗이 씻어서 준비한다.

2 **표고버섯 불리기** | 끓인 물에 표고버섯을 불린다.

3 **도라지 손질** | 껍질을 돌려서 돌려 깐 다음 6cm로 잘라 6cm×1cm×0.5cm로 썰어 소금물에 절인다.

4 **당근 썰기** | 6cm로 잘라 6cm×1cm×0.5cm로 자른다.

5 **쪽파 썰기** | 6cm로 썰어 소금, 참기름에 무쳐 놓는다.

6 **소고기 썰기** | 핏물을 제거하고 7cm×1cm×0.5cm로 썰어 잔 칼집을 넣는다.

7 **표고버섯 썰기** | 불린 표고버섯은 기둥을 떼고 길이 6cm×1cm×0.5cm로 썬다.

8 **양념장 만들기** | 소고기는 간장 1작은술, 설탕 1/2작은술, 다진 파·마늘 약간, 참기름을 약간 넣은 양념장으로 무친다.

9 **표고버섯 간하기** | 표고버섯은 간장·설탕·참기름으로 무친다.

10 **당근, 도라지 데치기** | 당근, 도라지는 소금물에 데쳐 놓는다.

11 **볶기** | 당근, 도라지는 소금을 살짝 넣고 볶아 놓는다. 소고기, 표고버섯도 볶아 놓고 고기는 익으면 오그라들기 때문에 다시 한 번 같은 폭이 되도록 잘라 놓는다.

12 **꼬치 끼우기** | 꼬치를 다듬어 색을 맞추어 끼워준 다음 아래 위를 잘라 같은 길이로 자른다. 달걀노른자에 흰자 1큰술 정도를 섞어 소금을 넣어 잘 풀은 후 체에 내린다.

13 **지지기** | 밀가루, 달걀 순으로 묻히고 팬에서 파가 숨이 죽을 정도로 익혀 식으면 꼬치를 뺀다.

14 **담아 완성하기** | 그릇에 보기 좋게 담는다.

TiP!

- 산적은 지지기 전에 각 재료들의 크기를 맞추어 지진다(단, 표고버섯의 크기는 지급된 재료크기로 한다).
- 재료 사이가 떨어지지 않도록 뒷면은 밀가루를 넉넉히 묻히고 앞면은 얇게 입힌다.
- 뒷면은 노릇하고 단단하게 지진다.

35분

화양적

"소고기와 도라지, 표고버섯, 오이, 당근 등의 채소를 각각 익혀 꼬치에 색을 맞추어 끼워 만든 누름적으로 화양누르미라고도 한다."

1 완성된 화양적의 길이는 6cm 되도록 하고, 꼬치의 양끝이 1cm 남도록 하시오.
2 달걀노른자로 황색 지단을 만들어 폭 1cm, 두께는 0.6cm가 되도록 하시오.
3 각 재료의 폭은 1cm, 두께는 0.6cm가 되도록 하시오(단, 표고버섯은 지급된 재료두께로 한다).
4 화양적 완성품 2꼬치를 만들고 잣가루를 고명으로 뿌리시오.

※ 달걀흰자 지단을 사용하는 경우 오작으로 처리

재료

01 주재료

소고기(길이 7cm) ··· 50g
건표고버섯 ··· 1개
당근 ··· 50g
오이 ··· 1/2개
통도라지 ··· 1개
산적꼬치 ··· 2개
진간장 ··· 5mL
대파(4cm) ··· 1토막
마늘 ··· 1쪽
소금 ··· 5g
백설탕 ··· 5g
깨소금 ··· 5g
참기름 ··· 5mL
검은 후춧가루 ··· 2g
잣 ··· 10개
A4 용지 ··· 1장
달걀 ··· 2개
식용유 ··· 30mL

02 양념(소고기, 표고버섯)

간장 ··· 1작은술
설탕 ··· 1/2작은술
다진 파 ··· 약간
다진 마늘 ··· 약간
후추 ··· 약간
깨소금 ··· 약간
참기름 ··· 약간

만드는 방법

1 재료 준비하기 | 재료는 깨끗이 씻어서 준비한다.

2 도라지 손질 | 도라지는 껍질을 돌려가며 벗긴 다음 6cm로 잘라 6cm×1cm×0.6cm로 썰어 소금물에 절인다.

3 오이 썰기 | 오이는 6cm로 잘라 6cm×1cm×0.6cm로 썰어 소금을 뿌려 절인다.

4 당근 썰기 | 6cm로 잘라 6cm×1cm×0.6cm로 썬다.

5 소고기 썰기 | 7cm×1cm×0.6cm로 잘라 칼끝으로 콕콕 칼집을 넣어 칼등으로 두드린다.

6 표고버섯 썰기 | 불린 표고버섯은 밑동을 잘라내고 물기를 제거한 후 6cm×1cm×0.6cm로 잘라 놓는다.

7 양념장 만들기 | 파·마늘을 다져 간장 1작은술, 설탕 1/2작은술, 다진 파·마늘·후추·깨소금·참기름 약간 넣어 양념장을 만들어 소고기와 표고버섯을 양념한다.

8 달걀노른자 지단 만들기 | 달걀노른자에 소금을 약간 넣고 0.6cm 두께로 부쳐 다른 재료들과 같은 크기로 썬다(달걀흰자는 사용하지 않음).

9 도라지, 당근 데치기 | 도라지와 당근을 소금물에 살짝 데쳐 찬물에 헹궈준다.

10 볶기 | 팬에 기름을 두르고 오이, 도라지, 당근, 표고버섯, 소고기 순으로 각각 볶는다. 잣은 고깔을 떼고 곱게 다져 준비한다. 산적꼬치에 재료를 색 맞추어 끼워 꼬치 양쪽이 1cm 정도 남도록 한다.

11 담아 완성하기 | 그릇에 화양적을 담고 잣가루를 뿌려낸다.

1 통도라지는 쓴맛을 잘 뺀다.
2 끼우는 순서는 색의 조화가 잘 이루어지도록 한다.

TiP!

- 화양적은 당근, 도라지를 꼭 삶아 볶은 후 끼운다.
- 각 재료의 크기와 두께를 일정하게 자르고 색은 선명하게 살려서 지진다.
- 당근은 부러지기 쉬우므로 제일 나중에 끼운다.

20분

채소튀김

“제철에 나는 채소를 이용해 튀김을 만들어 먹으면 부족한 비타민과 무기질을 섭취할 수 있다.”

1 단호박은 길이로 잘라 씨와 속을 긁어내고 0.3cm 두께로 자르시오.
2 고구마는 0.3cm 두께 원형으로 잘라 전분기를 제거하여 사용하시오.
3 깻잎은 찬물에 담가 두었다가 물기를 제거하고 사용하시오.
4 밀가루와 달걀을 섞어 반죽을 만들고, 튀김은 각 3개씩 제출하시오.
5 초간장에 잣가루를 뿌려 곁들여 내시오.

재료

단호박	100g
고구마	100g
깻잎	3장
밀가루(박력분)	150g
달걀	1개
식용유	500mL
진간장	10mL
백설탕	10mL
식초	10mL
잣	2알
A4용지	1장
키친타월(18×20cm)	2장

만드는 방법

1 **재료 준비하기** | 모든 재료는 깨끗이 씻고 깻잎은 찬물에 담가 둔다.

2 **고구마 손질** | 껍질을 제거하고 0.3cm 두께로 자른 후 찬물에 담가 전분기를 제거한다.

3 **호박 손질** | 길이로 썰어 한쪽을 잘라 씨와 껍질을 제거한 후 0.3cm 두께로 썰어 놓는다.

4 **밀가루 체치기** | 밀가루는 입자가 고운 체로 쳐놓는다.

5 **초간장 만들기** | 간장 10mL, 식초 10mL, 설탕 5g을 합하여 초장을 만든다.

6 **잣 손질** | 잣은 A4용지를 깔고 칼등을 이용하여 다져 기름을 빼 놓는다.

7 **튀김 준비** | 고구마, 깻잎은 물기를 제거하고 호박과 같이 그릇에 담아 놓는다. 준비한 채소들에 밀가루를 골고루 묻혀놓고 튀김 팬을 불에 올린다.

8 **튀김옷 반죽하기** | 노른자에 물 1컵을 넣어 잘 풀어 밀가루 1컵을 반죽에 넣어 가볍게 저어서 풀어준다.

9 **튀기기** | 튀김 온도를 확인한 후 고구마와 호박에 튀김옷을 묻혀서 튀긴다. 약한 불에서 한 번 튀긴 후 건져서 온도를 높여 다시 한 번 튀겨준다. 깻잎은 반죽을 묻혀 흘러내리는 것을 살짝 제거하고 튀겨준다.

10 **기름 제거** | 튀겨진 것은 키친 타월에 올려 기름을 제거한다.

11 **담아 완성하기** | 양 옆으로 고구마와 호박을 가지런히 담고 중앙에 깻잎을 담아 준다.

12 **초장 제출하기** | 초장에 잣가루를 넣어 튀김에 곁들여 담아준다.

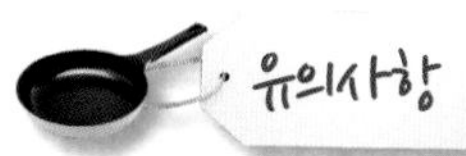

1 튀긴 채소는 타거나 설익지 않도록 한다.
2 튀김옷의 농도에 유의하여야 한다.
3 달걀물이 흐르지 않게 해야 한다.
4 온도를 낮게 해야 한다.
5 반죽을 미리 해놓지 말고 튀기기 직전에 해야 한다.
6 반죽을 휘젓지 말고 콕콕 찍듯이 해야 한다.

TiP!

- 물과 밀가루 양을 동량으로 하면 반죽의 농도가 적당하다.
- 튀김 반죽의 상태가 덜 풀린 것 같은 농도에서 시작한다.
- 튀김 반죽을 휘휘 저어가면서 하면, 글루텐이 형성 되어 튀김옷이 바삭해지지 않으므로 절대로 저어가면서 반죽하지 않는다.

<전·적·튀김 조리작업 상황에서 고려사항>

- 적은 고기를 비롯한 재료를 꼬치에 꿰어서 불에 구워 조리하는 것을 말하며 석쇠로 굽는 직화 구이와 팬에 굽는 간접구이로 구분한다.
- 전·적·튀김에 사용하는 기름은 옥수수유, 대두유, 포도씨유, 카놀라유 등 발연점이 높은 기름을 사용한다.
- 한번 사용한 기름은 산화되기 쉬우므로 이물질을 제거하여 적합하게 폐유 처리해야 하며 하수구로 흘려보내서는 안 된다.
- 전·적·튀김의 전 처리란 다듬기, 씻기, 자르기, 수분 제거하기를 말한다.
- 전의 속재료는 두부, 육류, 해산물을 다지거나 으깨서 양념한 것을 말한다.
- 튀김 온도는 170~180℃이며 전분식품은 호화를 위해 단백질 식품보다 조리시간이 오래 걸리므로 조금 낮은 온도에서 튀긴다.
- 전·적·튀김을 따뜻하게 제공하는 온도는 70℃ 이상을 말한다.
- 전·적·튀김은 초간장을 곁들여 낸다.

-제8장-

구이 조리

NCS 분류번호 1301010109_14v2

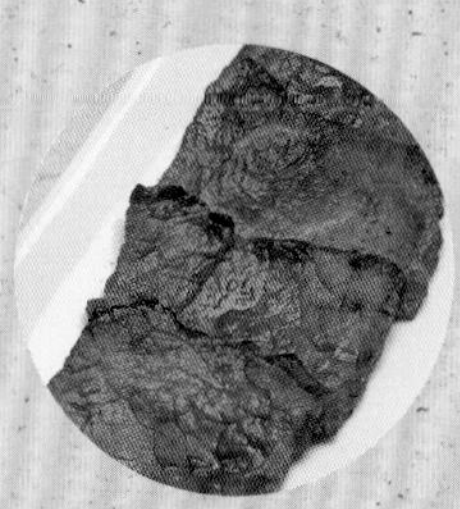

구이 조리란 육류, 어패류, 채소류, 버섯류 등의 재료를 소금이나 양념장에 재워 직접, 간접 화력으로 익혀낼 수 있는 능력이다.

능력단위요소	수행준거
1301010109_14v2.1 구이 재료 준비하기	1.1 조리에 사용하는 재료를 필요량에 맞게 계량할 수 있다. 1.2 구이의 종류에 맞추어 도구와 재료를 준비할 수 있다. 1.3 재료에 따라 요구되는 전 처리를 수행할 수 있다.
1301010109_14v2.2 구이 양념장 만들기	2.1 양념장 재료를 비율대로 혼합, 조절할 수 있다. 2.2 필요에 따라 양념장을 숙성할 수 있다. 2.3 만든 양념장을 용도에 맞게 활용할 수 있다.
1301010109_14v2.3 구이 조리하기	3.1 구이종류에 따라 유장처리나 양념을 할 수 있다 3.2 구이종류에 따라 초벌구이를 할 수 있다. 3.3 온도와 불의 세기를 조절하여 익힐 수 있다. 3.4 구이의 색, 형태를 유지할 수 있다.
1301010109_14v2.4 구이 담아 완성하기	4.1 조리법에 따라 구이 그릇을 선택할 수 있다. 4.2 조리한 음식을 부서지지 않게 담을 수 있다. 4.3 구이는 따뜻한 온도를 유지하여 담을 수 있다. 4.4 조리종류에 따라 고명으로 장식할 수 있다.

25분

너비아니구이

"소고기의 연한 부위를 얇게 저며 양념장에 재웠다가 굽는 구이 요리로 너붓너붓하게 썰어서 너비아니라고 이름 붙여진 듯하다."

1 완성된 너비아니 크기는 4cm×5cm, 두께는 0.5cm로 하시오.

2 석쇠를 사용하여 굽고, 6쪽 제출하시오.

3 잣가루를 고명으로 뿌리시오.

1 고기가 연하도록 손질한다.

2 구워진 정도와 모양과 색깔에 유의한다.

재료

01 주재료

소고기 ···· 100g
진간장 ···· 50mL
대파(4cm) ···· 1토막
설탕 ···· 10g
마늘 ···· 2쪽
검은 후춧가루 ···· 2g
깨소금 ···· 5g
참기름 ···· 10mL
배 ···· 1/8개
식용유 ···· 10mL
잣 ···· 5개
A4 용지 ···· 1장

02 양념장

간장 ···· 1.5큰술
설탕 ···· 1큰술
다진 파 ···· 약간
다진 마늘 ···· 약간
후추 ···· 약간
깨소금 ···· 약간
참기름 ···· 약간
배즙 ···· 1큰술

만드는 방법

1 **재료 준비하기** | 재료는 깨끗이 씻어서 준비한다.

2 **소고기 손질** | 핏물, 기름 등을 제거하고 가로, 세로 5cm×6cm, 두께 0.4cm 정도로 얇게 포를 떠서 칼로 자근자근 두드린다.

3 **배즙 내기** | 배를 껍질을 벗겨서 강판에 갈아 거즈로 배즙을 짠다.

4 **양념 만들기** | 파·마늘은 곱게 다지고 간장 1.5큰술, 설탕 1큰술, 다진 파·마늘, 후추·깨소금·참기름 약간, 배즙 1큰술 넣어 양념장을 만든다.

5 **고기 재우기** | 양념장에 고기를 한 장씩 재워 맛이 고루 배도록 20분 정도 재워둔다. 잣은 종이 위에 놓고 곱게 다져 보슬보슬하게 만든다.

6 **굽기** | 석쇠에 기름을 바르고 달군 뒤 양념장에 재운 고기를 놓고 석쇠자국이 나지 않게 한쪽 석쇠를 들고 뒤집어가며 굽는데, 강한 불에서 약한 불로 천천히 굽는다.

7 **정리하기** | 자르지 않는 것이 좋으나 잘라야 하면 겹쳐서 한 번에 자른다.

8 **담아 완성하기** | 구운 고기를 완성 접시에 담고 잣가루를 뿌린다.

TiP!

- 너비아니는 궁중 불고기로, 고기 부위는 안심이나 등심 부위를 사용했다.
- 칼등으로 잘 두드려 주어야 양념도 잘 배고 잘 익고 맛도 부드럽다.
- 직화로 굽는 구이류의 양념장에 들어가는 재료는 곱게 다지고 적게 사용해야 구울 때 덜 탄다.
- 고기가 익으면 줄어드는 것을 고려하여 완성된 크기보다 크게 자른다.
- 배는 강판에 갈아 즙만 사용한다.

30분

제육구이

"돼지고기의 등심 또는 안심 부위를 도톰하게 썰어 잔 칼집을 넣고 고추장 양념에 재워 불에 구운 대표적인 고추장 양념구이다."

1 완성된 제육의 두께는 0.4cm, 너비는 4cm×5cm 정도로 하시오.

2 양념은 고추장 양념으로 하여 석쇠에 구우시오.

3 제육구이는 8쪽 제출하시오.

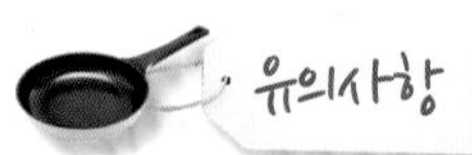

1 구워진 표면이 마르지 않도록 한다.

2 구워진 고기의 모양과 색깔에 유의하여 굽는다.

재료

01 주재료

돼지고기(등심살 또는 볼깃살) 150g
고추장 ········· 40g
설탕 ········· 15g
진간장 ········· 10mL
대파(4cm) ········· 1토막
마늘 ········· 2쪽
검은 후춧가루 ········· 2g
깨소금 ········· 5g
참기름 ········· 5mL
식용유 ········· 10mL
생강 ········· 10g

02 고추장 양념장

고추장 ········· 2큰술
설탕 ········· 1큰술
간장 ········· 1큰술
다진 파 ········· 1/4작은술
다진 마늘 ········· 1/4작은술
생강즙 ········· 약간
후추 ········· 약간
깨소금 ········· 약간
참기름 ········· 약간
물 ········· 약간

만드는 방법

1. **재료 준비하기** | 재료는 깨끗이 씻어서 준비한다.
2. **돼지고기 기름 제거** | 돼지고기는 핏물, 기름 등을 제거한다.
3. **고기 썰기** | 줄어들 것을 감안하여 결 반대로 5cm×6cm×0.4cm로 썰어 칼집을 넣고 칼등으로 자근자근 두드려 준다.
4. **고추장 양념 만들기** | 파·마늘을 곱게 다져 고추장 2큰술, 설탕 1큰술, 간장 1큰술, 다진 파·마늘 1/4작은술, 생강즙 · 후추 · 깨소금 · 참기름·물을 약간 넣고 양념장을 만든다.
5. **양념에 재우기** | 고기에 고추장 양념장을 골고루 묻혀 차곡차곡 겹쳐서 간이 배도록 15분 이상 재운다.
6. **굽기** | 석쇠에 기름을 발라 달군 후 양념한 고기를 타지 않게 고루 익히면서 굽는다.
7. **담아 완성하기** | 그릇에 제육구이를 겹쳐서 담아준다.

TiP!

- 양념장이 되직하면 물을 약간 넣어 농도를 조절한다.
- 너무 강한 불에서 구우면 양념은 타고 속은 익지 않으므로 불 조절을 잘해서 고루 익힌다.
- 처음 익힐 때 양념장을 적게 발라 익히면, 덧발라 구울 때 타지 않고 속까지 잘 익힐 수 있다.
- 고기가 익으면 수축되므로 제시된 크기보다 크게 썬다.

30분

더덕구이

"얇게 저민 더덕을 소금물에 담가 쓴맛을 우려내어 양념장을 발라 석쇠에 구워내는 별미 보양식이다."

1 더덕은 껍질을 벗겨 통으로 두드려 사용하시오.
2 유장으로 초벌구이를 하시오.
3 길이는 5cm 정도로 하고, 고추장 양념을 하시오(단, 주어진 더덕의 길이를 감안한다).
4 석쇠를 사용하여 굽고, 8개를 제출하시오.

1 더덕이 부서지지 않도록 두드린다.
2 더덕이 타지 않도록 굽는 데 주의한다.

재료

01 주재료

통더덕(껍질 있는 것) ··· 5개
진간장 ··· 10mL
대파(4cm) ··· 1토막
마늘 ··· 1쪽
고추장 ··· 30g
백설탕 ··· 5g
깨소금 ··· 5g
참기름 ··· 10mL
소금 ··· 10g
식용유 ··· 10mL

02 유장

참기름 ··· 1큰술
간장 ··· 1작은술

03 고추장 양념

고추장 ··· 2큰술
설탕 ··· 1.5큰술
다진 파 ··· 약간
다진 마늘 ··· 약간
간장 ··· 약간
깨소금 ··· 약간
참기름 ··· 약간
물 ··· 약간

만드는 방법

1 **재료 준비하기** | 재료는 깨끗이 씻어서 준비한다.

2 **더덕 껍질 벗기기** | 통더덕은 깨끗이 씻어 껍질을 돌려가며 벗긴다.

3 **더덕 자르기** | 부스러기나 흠을 제거하고 더덕을 길이로 반을 잘라준다.

4 **더덕 우리기** | 찬물에 소금을 약간 넣고 15분 정도 쓴맛과 아린 맛을 우려낸다.

5 **더덕 펼치기** | 더덕을 깨끗한 행주에 싸서 방망이를 이용하여 자근자근 두드리고 밀대로 밀어 가며 펼쳐준다.

6 **유장 만들기** | 참기름 1큰술, 간장 1작은술의 비율로 유장을 만든다.

7 **초벌구이** | 유장을 발라 구울 때는 온도를 약간 올려서 굽는다.

8 **고추장 양념 만들기** | 파·마늘을 다져 고추장 2큰술, 설탕 1.5큰술, 다진 파·마늘 약간, 간장·깨소금·참기름·물을 약간 넣어 고추장 양념을 만든다.

9 **굽기** | 낮은 불에서 천천히 굽는다.

10 **자르기** | 더덕을 여러 개 겹쳐 한 번에 잘라준다.

11 **담아 완성하기** | 그릇에 5cm로 잘라 가지런히 담아낸다.

TiP!

- 유장은 참기름과 간장의 비율이 3 : 1 이다.
- 더덕에 유장은 조금만 바른다. 많이 바르면 고추장 양념이 잘 흡수되지 않고 색감도 칙칙해 보인다.
- 더덕을 펼 때 행주로 싸서 해야 부서지지 않는다.

20분

북어구이

"마른 북어를 부드럽게 불려서 유장에 재워 애벌구이한 후, 고추장 양념을 발라가며 구운 음식이다."

1 구워진 북어의 길이는 5cm로 하시오.
2 유장으로 초벌구이를 하시오.
3 석쇠를 사용하여 굽고 3개를 제출하시오(북어의 양면을 반으로 가르지 않고, 원형 그대로 제출한다).

1 북어를 물에 불려 사용한다(이때 부서지지 않도록 유의한다).
2 북어가 타지 않도록 잘 굽는다.
3 고추장 양념장을 만들어 북어에 무쳐서 재운다.

재료

01 주재료

북어포 ········ 1마리
진간장 ········ 20mL
대파(4cm) ········ 1토막
마늘 ········ 2쪽
고추장 ········ 40g
백설탕 ········ 10g
깨소금 ········ 5g
참기름 ········ 15mL
검은 후춧가루 ········ 2g
식용유 ········ 10mL

02 유장

참기름 ········ 1큰술
간장 ········ 1작은술

03 고추장 양념

고추장 ········ 2큰술
설탕 ········ 1큰술
다진 파 ········ 약간
다진 마늘 ········ 약간
간장 ········ 약간
후추 ········ 약간
깨소금 ········ 약간
참기름 ········ 약간
물 ········ 약간

만드는 방법

1 **재료 준비하기** | 재료는 깨끗이 씻어서 준비한다.

2 **북어 손질** | 머리를 가위나 칼로 자르고 물에 담가 살짝 불린다. 면보에 싸서 물기를 제거하고 밀대로 살살 두드린 다음 가시를 발라내고, 지느러미를 제거하여 6cm 길이 3토막으로 잘라 껍질 쪽에 칼집을 낸다.

3 **유장 만들기** | 참기름 1큰술, 간장 1작은술의 비율로 유장을 만든다.

4 **유장 바르기** | 유장을 조금씩 골고루 바른다.

5 **초벌구이** | 유장 바른 북어를 석쇠에 올려서 약한 불에서 천천히 구워 준다.

6 **고추장 양념 만들기** | 고추장 2큰술, 설탕 1큰술, 다진 파·마늘 약간, 간장·후추·깨소금·참기름·물을 약간 넣어 양념을 만든다. 북어에 고추장 양념을 골고루 바른 다음 석쇠에 올려 낮은 온도에서 천천히 구워준다.

7 **담아 완성하기** | 그릇에 머리 쪽부터 순서대로 겹쳐 놓는다.

TiP!

- 북어포가 충분히 부드러워졌을 때 조리한다.
- 불 위에서 오래 익히면 딱딱해진다.
- 북어 껍질에 잔 칼집을 넣어 오그라들지 않게 한다.
- 직화 구이를 할 경우에는 수분 증발이 일어나기 때문에 고추장 양념에 물을 넣어 농도를 조절하여 완성했을 때 촉촉해 보이도록 한다.

30분

생선양념구이

"생선을 유장에 재워 애벌구이 한 후 고추장 양념을 발라 석쇠에 구운 음식이다."

1 생선의 머리와 꼬리는 제거하지 않으며, 내장은 아가미 쪽으로 제거하시오.
2 유장으로 초벌구이를 하시오.
3 고추장 양념을 하여 석쇠를 사용하여 구우시오.

1 석쇠를 사용하며 부서지지 않게 굽도록 유의한다.
2 생선을 담을 때는 방향을 고려해야 한다.

재료

01 주재료

조기 ········· 1마리
진간장 ········· 20mL
대파(4cm) ········· 1토막
마늘 ········· 1쪽
고추장 ········· 40g
백설탕 ········· 5g
소금 ········· 20g
깨소금 ········· 5g
참기름 ········· 5mL
검은 후춧가루 ········· 2g
식용유 ········· 10mL

02 유장

참기름 ········· 1큰술
간장 ········· 1작은술

03 고추장 양념

고추장 ········· 1큰술
설탕 ········· 2/3큰술
다진 파 ········· 1/2작은술
다진 마늘 ········· 1/2작은술
간장 ········· 약간
후추 ········· 약간
깨소금 ········· 약간
참기름 ········· 약간
물 ········· 약간

만드는 방법

1 재료 준비하기 | 재료는 깨끗이 씻어서 준비한다.

2 생선 손질하기 | 꼬리에서 머리 쪽으로 긁어 비늘과 지느러미를 제거한다. 꼬리는 끝만 살짝 자르고, 배를 가르지 않고 아가미로 내장을 제거한다. 생선의 크기에 따라 대각선으로 칼집을 2~3번 넣어준 다음, 남은 내장이 있는지 확인하여 칼집 사이로 남은 내장을 제거한다.

3 씻은 후 물기 제거 | 씻어서 행주로 물기를 제거하고 소금을 살짝 뿌려준다.

4 양념장 만들기 | 파·마늘을 곱게 다져 고추장 1큰술, 설탕 2/3큰술, 다진 파·마늘 1/2작은술, 간장·후추·깨소금·참기름·물을 약간 넣어 양념장을 만든다.

5 유장 만들어 바르기 | 참기름 1큰술, 간장 1작은술의 비율로 유장을 만들어 생선의 물기를 닦고 유장을 발라서 재워 놓는다.

6 초벌 굽기 | 기름을 바른 석쇠를 잘 달군 후 유장 바른 생선을 초벌구이 한다.

7 양념구이 | 생선살이 거의 익으면 고추장 양념장을 발라서 타지 않게 잘 굽는다.

8 담아 완성하기 | 생선을 담을 때 머리는 왼쪽, 꼬리는 오른쪽, 배는 앞쪽으로 오게 담는다.

TiP!

- 내장은 아가미로 나무젓가락을 넣어 돌려 뺀다.
- 생선을 담을 때 방향을 고려한다.
- 애벌구이에서 생선을 거의 익힌다.
- 생선의 내장을 완전히 제거하지 않으면 고추장을 발라 구울 때 물이 생긴다.
- 고추장 농도가 되직하면 물을 약간 넣어 농도를 맞춘다.

<구이 조리작업 상황에서 고려사항>

- 구이의 전 처리란 다듬기, 씻기, 수분제거, 핏물제거, 자르기를 말한다.
- 구이의 색과 형태의 유지란 부스러지지 않고, 타지 않게 굽는 것을 말한다.
- 구이의 양념
  - 소금구이: 방자구이, 민어소금구이 등
  - 간장 양념구이: 너비아니구이, 염통구이, 콩팥구이, 쇠갈비구이 등
  - 고추장 양념구이: 제육구이, 북어구이, 병어고추장구이, 더덕구이 등
- 양념하여 재워두는 시간은 양념 후 30분 정도가 좋으며 간을 하여 오래두면 육즙이 빠져 맛이 없고 육질이 질겨지므로 부드럽지 않은 구이가 된다.
- 유장처리란(간장과 참기름을 섞은 것) 고추장 양념을 발라 구우면 타기 쉬우므로 유장을 발라 먼저 구워 초벌구이 하는 것을 말한다.
- 구이의 따뜻한 온도는 75℃ 이상을 말한다.
- 구이의 열원
  - 직접구이: 복사열로 석쇠나 브로일러를 사용하여 조리할 식품을 직접 불 위에 올려 굽는 방법
  - 간접구이: 금속판에 의하여 열이 전달되는 전도열로 철판이나 프라이팬에 기름을 두르고 지지는 것

-제9장-

생채 · 숙채 · 회 조리

NCS 분류번호 1301010110_14v2

생채·숙채·회 조리란 채소를 살짝 절이거나 생것을 양념하고 식재료를 물에 데치거나 삶아 양념으로 무치거나 볶아주는 조리이며 회 조리는 신선한 상태로 위생관리를 하며 조리할 수 있는 능력이다.

능력단위요소	수행준거
1301010110_14v2.1 생채·숙채·회 재료 준비하기	1.1 조리에 사용하는 재료를 필요량에 맞게 계량할 수 있다. 1.2 숙채·생채·회의 종류에 맞추어 도구와 재료를 준비할 수 있다. 1.3 재료에 따라 요구되는 전 처리를 수행할 수 있다.
1301010110_14v2.2 생채·숙채·회 조리하기	2.1 양념장 재료를 비율대로 혼합, 조절할 수 있다. 2.2 숙채는 조리방법에 따라서 삶거나 데칠 수 있다. 2.3 양념이 잘 배합되도록 무치거나 볶을 수 있다. 2.4 재료에 따라 회·숙회로 만들 수 있다.
1301010110_14v2.3 생채·숙채·회 담아 완성하기	3.1 숙채·생채·회 그릇을 선택할 수 있다. 3.2 숙채·생채·회 그릇에 담아낼 수 있다. 3.3 회는 채소를 곁들일 수 있다.

35분

겨자채

"채소와 편육, 배, 밤, 황·백지단을 함께 섞어 겨자즙으로 무쳐낸 음식이다."

1 채소, 편육, 황·백지단, 배는 폭 1cm, 길이 4cm, 두께 0.3cm로 일정하게 써시오(단, 지급된 재료의 크기에 따라 가감한다).
2 밤은 재료의 모양대로 납작하게 저며 썬다.
3 겨자는 개어서 간을 맞춘 후 준비한 재료들을 무쳐서 담아내시오.

1 채소는 싱싱하게 아삭거릴 수 있도록 준비한다.
2 겨자는 매운맛이 나도록 준비한다.
3 잣은 반을 쪼개어 고명으로 얹는다.

재료

01 주재료

양배추 ······ 50g
오이(길이 5cm) ······ 1/3개
소고기 ······ 50g
당근(7cm) ······ 50g
밤 ······ 2개
달걀 ······ 1개
배 ······ 1/8개
잣 ······ 5알
백설탕 ······ 20g
소금 ······ 5g
식초 ······ 10mL
진간장 ······ 5mL
겨잣가루 ······ 6g
식용유 ······ 10mL

02 발효겨자

겨자분 ······ 1큰술
따뜻한 물 ······ 1큰술

03 겨자소스

발효겨자 ······ 1큰술
설탕 ······ 2큰술
식초 ······ 2큰술
소금 ······ 1작은술

만드는 방법

1. **재료 준비하기** | 재료는 깨끗이 씻고, 오이는 소금으로 씻고, 밤은 찬물에 담근다.
2. **겨자 개기 및 고기 삶기** | 냄비에 물을 올려 따뜻해지면 겨자를 개고, 끓으면 고기를 넣어 삶는다.
3. **겨자 발효** | 겨자분에 따뜻한 물을 동량으로 넣어 발효시킨다(발효 온도 50℃ 전후).
4. **양배추 썰기** | 굵은 줄기를 제거하고 1cm×4cm로 자른 다음 찬물에 담근다.
5. **오이 썰기** | 오이는 4cm로 잘라 반을 쪼개서 얇게 자른다. 자른 것을 겹쳐서 껍질 쪽을 살리고 폭을 1cm로 자른 다음 찬물에 담근다.
6. **당근 썰기** | 당근도 1cm×4cm로 잘라 얇게 자른다.
7. **배 썰기** | 배는 껍질을 벗기고 1cm×4cm로 자른 다음 바로 설탕물에 담가 놓는다.
8. **비늘 잣 만들기** | 잣은 고깔을 제거하고 반을 갈라 비늘 잣을 만든다.
9. **밤 썰기** | 밤을 건져서 모양을 살려 썰어 준다.
10. **지단 만들기 및 썰기** | 달걀은 흰자·노른자 분리해서 지단을 부친 후, 채소와 같은 크기로 썬다.
11. **겨자 소스 만들기** | 발효겨자 1큰술, 설탕 2큰술, 식초 2큰술, 소금 1작은술 넣어 소스를 만든다.
12. **고기 썰기** | 삶은 고기도 채소와 같은 크기로 썰어 놓는다.
13. **물기 제거** | 아삭해 진 채소를 건지고 거즈로 물기를 제거한다.
14. **무치기** | 지단을 제외한 모든 재료를 넣고 소스를 넣어 무쳐준다. 지단을 추가해서 가볍게 무쳐준다.
15. **담아 완성하기** | 그릇에 겨자채를 담고 고명으로 비늘 잣을 올려 낸다.

TiP!

- 편육은 꼬치로 찔러 보고 완전히 익었는지 확인한 후 꺼낸다.
- 편육은 식은 후에 썰어야 부스러지지 않는다.
- 모든 채소는 균일한 크기로 썰어야 모양이 좋다.
- 겨자채는 내기 직전에 버무려야 물기가 생기지 않고 싱싱해 보인다.

20분

더덕생채

" 더덕을 두들겨서 가늘게 찢어 고추장 양념에 새콤달콤하게 무친 생채로 더덕의 씁쓸한 맛과 특유의 향기가 입맛을 돋운다. "

1 더덕은 5cm 정도의 길이로 썰어 두들겨 편 후 찢으시오.
2 양념은 고춧가루로 양념하고, 전량 제출 하시오.

1 더덕을 두드릴 때 부서지지 않도록 주의한다.
2 무치기 전에 쓴맛을 빼도록 한다.
3 무친 상태가 깨끗하고 빛깔이 고와야 한다.

재료

01 주재료

통더덕 ········· 3개
마늘 ········· 1쪽
백설탕 ········· 5g
식초 ········· 5mL
대파(4cm) ········· 1토막
소금 ········· 5g
깨소금 ········· 5g
고춧가루 ········· 20g

02 생채 양념

고춧가루 ········· 1큰술
다진 파 ········· 약간
다진 마늘 ········· 약간
설탕 ········· 적당량
식초 ········· 적당량
깨소금 ········· 약간

만드는 방법

1 재료 준비하기 | 재료는 깨끗이 씻어서 준비한다.

2 더덕 손질하기 | 더덕을 잘 씻어서 돌려가며 껍질을 벗기고 부스러기와 흙까지 모두 제거한다. 길이로 반을 갈라서 행주를 깔고 더덕을 놓은 다음 자근자근 두드려서 밀대로 살살 밀어준다.

3 소금물에 담그기 | 더덕을 소금물에 15분 이상 담가 쓴맛과 아린 맛을 빼고, 파·마늘은 곱게 다져준다.

4 더덕 찢기 | 물기를 제거하여 가늘고 길게 찢는다.

5 고춧가루 색 내기 | 더덕에 고춧가루를 넣고 살살 비벼서 색을 내준다.

6 무치기 | 고춧가루 1큰술, 다진 파·마늘 약간, 설탕·식초 적당량, 깨소금 약간 넣고 무친다.

7 담아 완성하기 | 그릇에 소복하게 담는다.

TiP!

- 더덕은 이쑤시개를 이용하면 가늘게 찢기가 쉽다.
- 더덕의 물기를 잘 제거해야 양념장이 뭉치지 않는다.
- 생채류는 내기 직전에 무쳐야 물이 생기지 않는다.
- 고춧가루 입자가 굵을 때에는 고운 체에 내려 사용한다.

15분

도라지생채

"생도라지를 손질하여 소금물에 담가 쓴맛을 우려내고 가늘게 채 썰거나 찢어 고추장과 설탕, 식초를 넣어 새콤달콤하게 무쳐 먹는 생채이다."

1 도라지의 크기는 0.3cm×0.3cm×6cm로 다듬어 사용하시오.
2 생채는 고추장과 고춧가루 양념으로 무치시오.

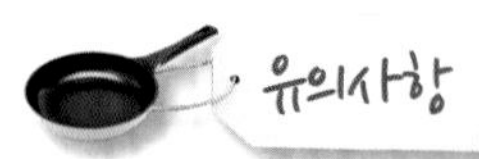

1 도라지는 굵기와 길이를 일정하게 하도록 한다.
2 양념이 거칠지 않고 색이 고와야 한다.

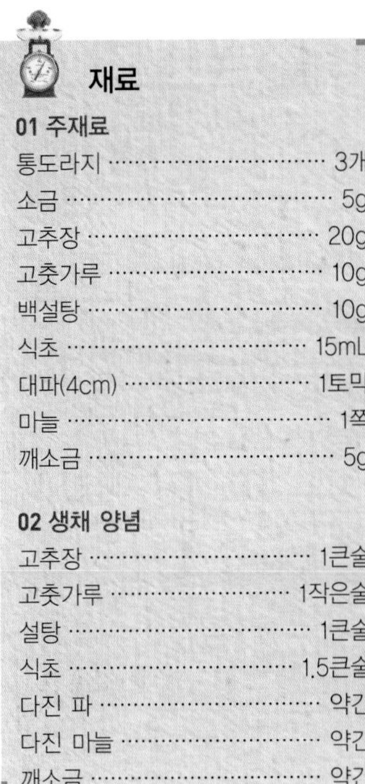

재료

01 주재료

통도라지 ········· 3개
소금 ········· 5g
고추장 ········· 20g
고춧가루 ········· 10g
백설탕 ········· 10g
식초 ········· 15mL
대파(4cm) ········· 1토막
마늘 ········· 1쪽
깨소금 ········· 5g

02 생채 양념

고추장 ········· 1큰술
고춧가루 ········· 1작은술
설탕 ········· 1큰술
식초 ········· 1.5큰술
다진 파 ········· 약간
다진 마늘 ········· 약간
깨소금 ········· 약간

만드는 방법

1 **재료 준비하기** | 재료는 깨끗이 씻어서 준비한다.

2 **도라지 껍질 벗기기** | 껍질을 돌려가며 이물질이 남지 않게 벗긴다.

3 **도라지 썰기** | 0.3cm×0.3cm×6cm 길이로 채 썰어준다.

4 **절이기** | 소금물에 주물러 쓴맛을 없애고 물에 헹구어 물기를 눌러 짠다.

5 **양념 만들기** | 파·마늘을 곱게 다져서 고추장, 고춧가루, 설탕, 식초, 깨소금과 잘 섞어 초고추장을 만든다.

6 **헹구기** | 체에 밭쳐서 소금기를 살짝 헹구어 준 다음 행주로 물기를 제거한다.

7 **무치기** | 도라지에 초고추장을 조금씩 넣어가며 고루 무친다.

8 **담아 완성하기** | 그릇에 소복하게 담는다.

TiP!

- 도라지는 일정한 길이로 썰어 소금으로 주물러 쓴맛을 뺀 후 물기를 꼭 짜서 무쳐야 물기가 덜 생긴다.
- 생채 종류는 양념을 제출하기 직전에 무쳐서 내어야만 물이 생기지 않는다.

15분

무생채

“무를 곱게 채 썰어 고운 고춧가루, 설탕, 식초를 넣어 새콤달콤하고 매콤하게 만든 생채이다. 무채는 결 방향으로 썰어 무쳐야 부서지지 않는다.”

1 무는 길이로 0.2cm×0.2cm×6cm 크기로 채 써시오.
2 생채는 고춧가루를 사용하시오.
3 70g 이상의 무생채를 제출하시오.
※요구사항에 g수가 제시된 경우 내는 양에 주의하세요.

1 무채는 길이와 굵기가 일정하게 썰고 무채의 색에 주의한다.
2 무쳐 놓은 생채는 싱싱하고 깨끗해야 한다.
3 식초와 설탕의 간을 맞추는 데 유의한다.

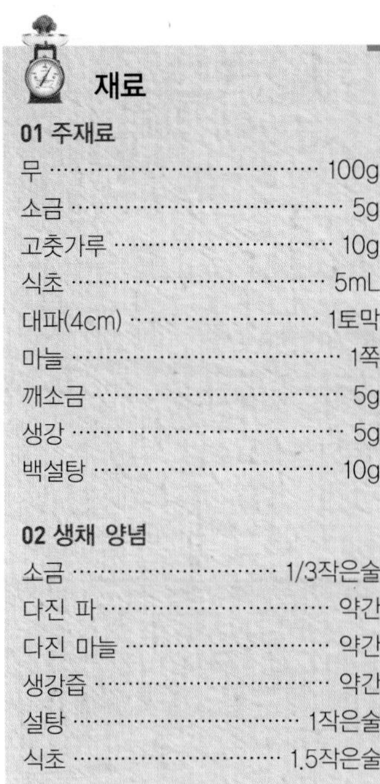

재료

01 주재료

- 무 ······ 100g
- 소금 ······ 5g
- 고춧가루 ······ 10g
- 식초 ······ 5mL
- 대파(4cm) ······ 1토막
- 마늘 ······ 1쪽
- 깨소금 ······ 5g
- 생강 ······ 5g
- 백설탕 ······ 10g

02 생채 양념

- 소금 ······ 1/3작은술
- 다진 파 ······ 약간
- 다진 마늘 ······ 약간
- 생강즙 ······ 약간
- 설탕 ······ 1작은술
- 식초 ······ 1.5작은술
- 깨소금 ······ 약간

만드는 방법

❶ **재료 준비하기** | 재료는 깨끗이 씻어서 준비한다.

❷ **무채 썰기** | 무는 길이 6cm, 두께와 폭은 0.2cm 크기로 일정하게 썰어 놓는다.

❸ **색 내기** | 고운 체에 내린 고춧가루로 잘 비벼서 고춧가루 물이 잘 들게 한다.

❹ **파·마늘 다지기** | 파·마늘은 다진다.

❺ **무치기** | 다진 파·마늘을 넣고 깨소금, 설탕, 식초, 소금을 넣는다.

❻ **담아 완성하기** | 그릇에 소복이 담는다.

TiP!

- 고춧가루는 고운 체에 내려 사용하여 무를 붉게 물들인다.
- 무는 절이지 않고 고춧가루에 물만 들인 후 무쳐내야 싱싱해 보인다.

35분

잡채

"여러 가지 채소, 소고기, 당면을 각각 볶아 한데 섞어 무친 음식으로 잔칫상에 빠지지 않는 대중적인 음식이다."

1 소고기, 양파, 오이, 당근, 도라지, 표고버섯은 0.3cm×0.3cm×6cm 크기로 만드시오(단, 지급된 재료의 크기에 따라 가감한다).
2 숙주는 데치고 목이버섯은 찢어서 준비하시오.
3 황·백지단을 0.2cm×0.2cm×4cm 크기로 채썰어 고명으로 얹으시오.

1 주어진 재료는 굵기와 길이가 일정하게 한다.
2 당면은 알맞게 삶아서 간한다.
3 모든 재료는 양과 색깔의 배합에 유의한다.

재료

01 주재료

당면 ··· 20g
소고기 ··· 30g
건표고버섯 ··· 1개
건목이버섯 ··· 2개
양파 ··· 50g
오이 ··· 1/3개
당근 ··· 50g
통도라지 ··· 1개
달걀 ··· 1개
숙주 ··· 20g
진간장 ··· 20mL
대파(4cm) ··· 1토막
마늘 ··· 2쪽
식용유 ··· 50mL
깨소금 ··· 5g
검은 후춧가루 ··· 1g
참기름 ··· 5mL
소금 ··· 15g
백설탕 ··· 10g

02 당면 양념

간장 ··· 1큰술
설탕 ··· 1작은술
참기름 ··· 1작은술

03 양념(소고기, 버섯류)

간장 ··· 1작은술
설탕 ··· 1/2 작은술
다진 파 ··· 약간
다진 마늘 ··· 약간
후추 ··· 약간
깨소금 ··· 약간
참기름 ··· 약간

만드는 방법

1 재료 준비하기 | 재료는 깨끗이 씻어서 준비하고, 숙주는 거두절미 한다.

2 당면, 목이버섯, 표고버섯 불리기 | 냄비에 물을 올려 끓으면 당면, 목이버섯, 표고버섯을 불려둔다.

3 숙주 데치기 | 거두절미한 숙주는 데치고 유장으로 무쳐놓는다.

4 오이 썰기 | 6cm로 돌려깎기 하여 폭 0.3cm, 두께 0.3cm로 채썰어 소금에 살짝 절였다가 물기를 짠다.

5 도라지 썰기 | 껍질을 돌려까서 벗긴 후 6cm로 썰어 소금물에 담가 쓴맛을 우려내고 물기를 짠다.

6 당근 썰기 | 6cm로 잘라 채 썬다.

7 양파 썰기 | 양파는 채썬다. 소고기와 표고버섯도 같은 크기로 채썰고, 목이버섯은 찢어서 각각 양념장으로 무친다.

8 양념하기 | 소고기, 표고버섯, 목이버섯에 양념장을 넣어 무친다. 달걀은 황·백지단으로 부쳐 0.2cm×0.2cm×4cm로 채썬다.

9 소금 간한 것 볶기 | 팬에 기름을 두르고 소금 간한 양파, 당근, 오이를 볶아낸다.

10 간장 양념한 것 볶기 | 소고기, 표고버섯, 목이버섯을 볶아낸다.

11 당면 삶아 볶기 | 당면을 끓는 물에 삶아 물에 헹구어 건져서 길이를 짧게 끊어 간장, 설탕, 참기름으로 무쳐 볶는다.

12 무치기 | 볶아 놓은 재료와 당면을 한 그릇에 담고 골고루 무쳐준다.

13 담아 완성하기 | 그릇에 담고 달걀지단을 고명으로 얹는다.

TiP!

- 당면은 물에 담갔다가 삶으면 잘 익으며 시간을 절약 할 수 있다.
- 재료를 깨끗한 순서부터 팬에서 볶아 낸다.

35분

탕평채

"청포묵에 소고기, 숙주, 미나리, 물쑥 등을 넣고 초간장으로 버무린 묵무침으로 봄철의 별미로 영조 때 당쟁을 폐지하고자 탕평책을 위한 잔치에서 묵에 채소를 섞어서 묵무침을 하였던 것에서 유래하였다고 한다."

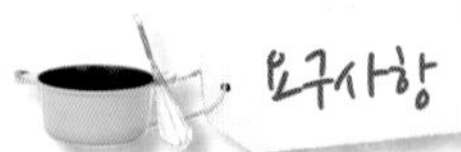

1 청포묵의 크기는 0.4cm×0.4cm×6cm로 하시오.
2 모든 부재료의 길이는 4~5cm로 하시오(단, 지급된 재료의 크기에 따라 가감한다).
3 소고기, 미나리, 숙주와 청포묵은 초간장으로 무쳐서 담는다.
4 황·백지단은 4cm 길이로 채 썰고, 김은 구워 부셔서 고명으로 얹어 내시오.

1 청포묵의 굵기와 길이는 일정하게 한다.
2 숙주는 거두절미하고, 미나리는 다듬어 데친다.

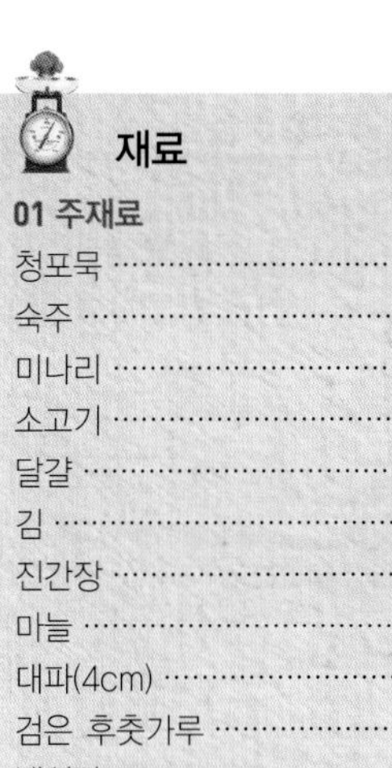

재료

01 주재료

청포묵 ······ 150g
숙주 ······ 20g
미나리 ······ 10g
소고기 ······ 20g
달걀 ······ 1개
김 ······ 1/4장
진간장 ······ 20mL
마늘 ······ 2쪽
대파(4cm) ······ 1토막
검은 후춧가루 ······ 1g
백설탕 ······ 5g
참기름 ······ 5mL
식초 ······ 5mL
소금 ······ 5g
식용유 ······ 10mL
깨소금 ······ 5g

02 초간장

간장 ······ 1큰술
설탕 ······ 1큰술
식초 ······ 1큰술
물 ······ 1큰술

03 소고기 양념

간장 ······ 1작은술
설탕 ······ 1/2작은술
다진 파 ······ 약간
다진 마늘 ······ 약간
후추 ······ 약간
깨소금 ······ 약간
참기름 ······ 약간

만드는 방법

1 재료 준비하기 | 재료는 깨끗이 씻어서 준비하고 숙주는 거두절미한다.

2 미나리 손질 및 데치기 | 다듬은 미나리는 끓는 물에 소금을 약간 넣어 데친 뒤 찬물에 헹궈 5cm로 자른다.

3 묵 썰기 | 청포묵을 길이 6cm, 두께와 폭은 0.4cm로 썰어 끓는 물에 데쳐 투명해지면, 찬물에 헹궈 물기를 빼고 소금, 참기름으로 무친다.

4 숙주 데치기 | 거두절미한 숙주는 소금물에 데치고 유장으로 무친다.

5 소고기 썰기 | 소고기는 5cm로 채썬다.

6 양념장 만들기 | 간장 1작은술, 설탕 1/2작은술, 다진 파·마늘 약간, 후추·깨소금·참기름 약간 넣어 양념장을 만든다.

7 고기 양념하기 | 양념장으로 소고기를 양념한다.

8 지단 썰기 | 달걀은 황·백지단을 나누어 소금을 넣어 각각 부쳐 4cm 길이로 채 썬다. 김은 구워서 부순다.

9 고기 볶기 | 고기를 볶아 놓는다.

10 초간장 무치기 | 간장 1큰술, 설탕 1큰술, 식초 1큰술, 물 1큰술을 넣어 초간장을 만들어 고명을 제외한 재료를 무친다.

11 담아 완성하기 | 그릇에 탕평채를 담고 김, 황·백지단채를 고명으로 얹는다.

TiP!

- 묵은 겹쳐서 썰면 잘 안 썰리는 경우가 많아 두 겹으로 놓고 써는 것이 좋다.
- 탕평채는 내기 직전에 초간장에 무쳐야 부피감과 색감이 좋다.
- 준비한 초간장 양념은 준비된 탕평채의 양에 맞추어 적당히 넣는다.

40분

칠절판

"밀전병을 가운데 담고 가장자리에 소고기, 채소류, 석이버섯, 지단 등을 곱게 채 썰어 돌려 담는 요리로 밀전병에 각 재료를 골고루 싸서 먹으며 초간장이나 겨자장과 곁들여 먹으면 맛이 좋고 색이 화려하여 교자상이나 주안상의 전채음식으로 적합하다."

1 밀전병은 직경 6cm가 되게 6개를 만드시오.
2 채소와 황·백지단, 소고기의 크기는 0.2cm×0.2cm×5cm 정도로 곱게 채써시오.
3 석이버섯은 곱게 채를 써시오.

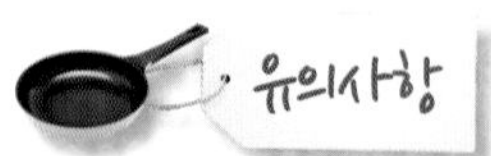

1 밀전병의 반죽 상태에 유의한다.
2 완성된 채소 색깔에 유의한다.

재료

01 주재료

소고기 ······ 50g
달걀 ······ 1개
오이 ······ 1/2개
당근(7cm) ······ 50g
석이버섯 ······ 5g
밀가루 ······ 50g
진간장 ······ 20mL
마늘 ······ 2쪽
대파(4cm) ······ 1토막
검은 후춧가루 ······ 1g
참기름 ······ 10mL
백설탕 ······ 10g
깨소금 ······ 5g
식용유 ······ 30mL
소금 ······ 10g

02 밀전병

밀가루 ······ 5큰술
물 ······ 6큰술
소금 ······ 약간

03 소고기 양념

간장 ······ 1작은술
설탕 ······ 1/2작은술
다진 파 ······ 약간
다진 마늘 ······ 약간
깨소금 ······ 약간
후추 ······ 약간
참기름 ······ 약간

만드는 방법

1 **재료 준비하기** | 재료는 깨끗이 씻어서 준비하고 오이는 소금으로 문질러 씻는다.

2 **석이버섯 불리기** | 따뜻한 물에 석이버섯을 불린다.

3 **오이 및 당근 썰기** | 오이는 5cm로 토막 내어 돌려 깎고 0.2cm 두께로 채썰어 소금물에 절이고 당근도 같은 크기로 채썬다.

4 **밀전병 반죽하기** | 밀가루를 체로 쳐서 소금을 넣고 밀가루 4~5큰술, 물 6큰술을 넣고 잘 풀어서 체에 걸러 둔다.

5 **소고기 썰기** | 소고기는 0.2cm로 가늘게 채썬다.

6 **양념하기** | 간장 1작은술, 설탕 1/2작은술, 다진 파·마늘, 깨소금·후추·참기름 약간 넣어 양념하여 소고기를 양념한다. 석이버섯도 이끼를 제거하고 손으로 문질러 씻고 채 썰어 소금, 참기름에 무친다.

7 **지단 부치기 및 썰기** | 달걀은 황·백지단을 나누어 소금을 넣고 지단을 부쳐 0.2cm×0.2cm×5cm로 채를 썬다.

8 **밀전병 부치기** | 밀전병 반죽은 직경 8cm로 얇게 6개 나오도록 부친다.

9 **볶기** | 팬에 기름을 두르고 오이, 당근, 석이버섯, 소고기 순으로 볶는다.

10 **담아 완성하기** | 그릇 중앙에 밀전병을 놓고 준비한 재료를 색 맞추어 돌려 담는다.

TiP!

- 밀전병 반죽을 미리 해두면 끈기가 생겨 부칠 때 잘 찢어지지 않는다.
- 밀전병 반죽은 2/3큰술 정도가 1개 분량이다.
- 팬에 기름을 적게 둘러야 한다.

35분

미나리강회

"데친 미나리로 편육과 지단, 홍고추를 한데 묶어서 만든 숙회로 초고추장을 곁들이며 강회란 숙회의 일종으로 실파, 미나리 등의 채소를 살짝 데쳐 다른 재료들과 말아 만든 것을 말한다."

1 강회의 폭은 1.5cm, 길이는 5cm 정도로 하시오.
2 붉은 고추의 폭은 0.5cm, 길이는 4cm로 하시오.
3 강회는 8개를 제출하고 초고추장을 곁들이시오.

1 각 재료의 크기를 같게 한다(홍고추의 폭은 제외).
2 색깔은 조화 있게 만든다.

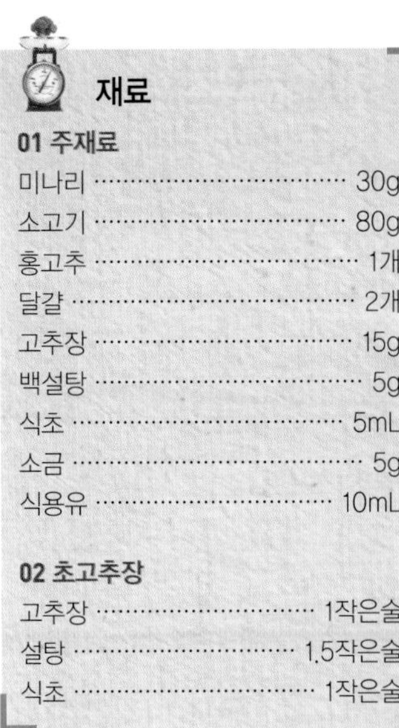

재료

01 주재료

- 미나리 ······ 30g
- 소고기 ······ 80g
- 홍고추 ······ 1개
- 달걀 ······ 2개
- 고추장 ······ 15g
- 백설탕 ······ 5g
- 식초 ······ 5mL
- 소금 ······ 5g
- 식용유 ······ 10mL

02 초고추장

- 고추장 ······ 1작은술
- 설탕 ······ 1.5작은술
- 식초 ······ 1작은술

만드는 방법

1 재료 준비하기 | 재료는 깨끗이 씻어서 준비하고 미나리는 잎을 떼고 손질한다.

2 소고기 삶기 | 물이 끓으면 소고기를 덩어리째 넣고 삶는다.

3 미나리 데치기 | 다듬은 미나리는 줄기 부분만 끓는 물에 소금을 넣고 데쳐서 찬물에 헹구어 물기를 제거하고 굵은 부분은 반으로 가른다.

4 홍고추 썰기 | 4cm로 잘라 반을 쪼개서 씨를 제거하고 0.5cm 폭으로 자른다.

5 지단 부치기 | 달걀은 황·백지단으로 부쳐 5cm×1.5cm로 자른 다음 접시에 담아 놓는다.

6 소고기 썰기 | 삶은 소고기는 식혀서 길이 5cm, 폭 1.5cm, 두께 0.3cm 정도로 썬다.

7 말기 | 소고기, 황·백지단, 홍고추 순으로 겹쳐서 잡는다. 밑면에서 시작 부위를 살짝 눌러 감기 시작해 1/3 정도를 4~5회 정도 돌려 감아 마지막에 고기와 흰색 지단 사이를 벌려 끼우고 나온 부위를 잘라 마무리한다.

8 초고추장 만들기 | 고추장 1작은술, 설탕 1.5작은술, 식초 1작은술을 넣어 초고추장을 만든다.

9 담아 완성하기 | 그릇에 미나리강회를 돌려 담고 초고추장을 곁들여 낸다.

TiP!

- 노른자 지단을 부칠 때 노른자에 흰자를 조금 섞어 부친다(노른자만 사용하면 강회가 8개가 나오지 않기 때문).
- 미나리강회에서 미나리 4~5줄기가 나오면 길이로 갈라서 사용한다.
- 편육은 충분히 익었는지 꼬치로 찔러 보아 확인하고 꺼낸다.
- 홍고추는 다른 재료보다 크기가 작게 제시되므로 길이와 폭에 유의하여 썬다.

20분

육회

“육회는 연하고 기름기 없는 소고기 부위인 우둔살이나 홍두깨살을 가늘게 채 썰어 양념장에 무쳐서 내는 음식이다. 대체로 배와 마늘을 곁들여 먹는다.”

1 소고기는 0.3cm×0.3cm×6cm로 썰어 소금 양념으로 하시오.(단, 지급된 재료의 길이에 따라 가감한다.)

2 마늘은 편으로 썰어 장식하고 잣가루를 고명으로 얹으시오.

3 70g 이상의 완성된 육회를 제출하시오.

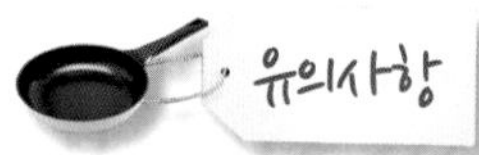

1 소고기의 채를 고르게 썬다.

2 배와 양념한 소고기의 변색에 유의한다.

재료

01 주재료

소고기(살코기) ········ 90g
마늘 ········ 3쪽
배 ········ 1/4개
잣 ········ 5개
소금 ········ 5g
대파(4cm) ········ 2토막
검은 후춧가루 ········ 2g
참기름 ········ 10mL
백설탕 ········ 30g
깨소금 ········ 5g
A4용지 ········ 1장

02 양념장

소금 ········ 1/2작은술
설탕 ········ 1작은술
다진 파 ········ 약간
다진 마늘 ········ 약간
후추 ········ 약간
깨소금 ········ 약간
참기름 ········ 1작은술

만드는 방법

1 **재료 준비하기** | 재료는 깨끗이 씻어서 준비하고 잣은 따로 담아둔다.

2 **배 썰기** | 배는 석세포를 자르고 껍질을 벗긴 후 상하의 길이를 맞추어 자르고 납작하게 썰어 겹쳐 놓고 0.3cm×0.3cm×5cm 정도로 채썰어 놓는다.

3 **배 갈변 방지** | 물 1컵에 설탕 1큰술 정도를 넣고 배를 담가 놓는다.

4 **소고기 채썰기** | 주어진 소고기는 기름을 제거하고 0.3cm×0.3cm×6cm로 가늘게 채썰어 준비한다.

5 **마늘 썰기 및 다지기** | 마늘 2쪽은 편으로 썰고 1쪽은 다진다.

6 **파 다지기** | 곱게 다진다.

7 **고기 양념하기** | 양념장으로 소고기를 양념한다. 잣은 고깔을 떼고 다져 보슬보슬한 가루를 만든다.

8 **담아 완성하기** | 접시에 배를 건져서 물기를 제거하고 중앙을 중심으로 돌려 담는다.

9 **소고기 올리기** | 중앙에 양념한 고기를 올려준다.

10 **마늘 올리기** | 마늘을 고기 주위로 돌려 담는다. 육회 위에 잣가루 올려 마무리 한다.

TiP!

- 배 가장자리를 잘 맞춰야 모양이 좋다.
- 고기는 미리 양념하지 말고 내기 직전에 무쳐낸다.
- 배는 석세포가 약간 있더라도 완전히 파내지 말고 일자로 자르고 납작하게 썰어 배 길이를 맞춘다.

<생채 · 숙채 · 회 조리작업 상황에서 고려사항>

- 생채 · 숙채 · 회 조리의 전 처리란 다듬기, 씻기, 삶기, 데치기, 자르기를 말한다.
- 생채 양념장은 고추장, 고춧가루, 설탕, 식초, 소금 등을 혼합하여 산뜻한 맛이 나도록 만든 것이다.
- 숙채 양념장은 간장, 깨소금, 참기름, 들기름 등을 혼합하여 만든 것이다.
- 냉채 양념장은 겨자장을 곁들인다.
  –겨자는 봄에 갓의 씨를 가루로 낸 것으로 갤수록 매운맛이 짙어지므로 겨잣가루에 따뜻한 물을 넣고 개어서 따뜻한 곳에 엎어 20~30분 두었다가 매운맛이 나면 식초, 설탕, 소금, 연유를 넣고 잘 저어 주면 겨자장이 된다.
- 생채 · 숙채는 양념장을 사용하기도 하지만 고춧가루를 주로 사용하여 무칠 경우에는 고춧가루로 먼저 색을 고루 들이고 설탕, 소금, 식초 순으로 간을 한다.
- 회 양념장은 고추장, 식초, 설탕 등을 혼합하여 만든 것이다.
- 회와 숙회의 차이는 날것과 익힌 것을 말한다.
- 어채: 포를 뜬 흰살 생선과 채소에 녹말을 묻혀 끓는 물에 데친 다음, 색을 맞추어 돌려 담는 음식이다. 봄에 즐겨 먹으며, 주안상에 어울리는 음식이다. 어채는 차게 먹는 음식이므로 생선은 비린내가 나지 않는 숭어, 민어 등의 흰살 생선을 이용하고, 표고버섯, 목이버섯, 석이버섯 같은 버섯류와 채소류가 쓰이며 해삼, 전복 같은 어패류를 사용하기도 한다. 초고추장과 함께 낸다.

-제10장-

김치 조리

NCS 분류번호 1301010111_14v2

김치 조리란 무, 배추, 오이 등과 같은 채소를 소금이나 장류에 절여 고추, 파, 마늘, 생강 등 여러 가지 양념에 버무려 숙성시켜 저장성을 갖는 발효식품을 만드는 능력이다.

능력단위요소	수행준거
1301010111_14v2.1 김치 재료 준비하기	1.1 김치에 사용하는 재료를 필요량에 맞게 계량할 수 있다. 1.2 김치의 종류에 맞추어 도구와 재료를 준비할 수 있다. 1.3 재료에 따라 요구되는 전 처리를 수행할 수 있다. 1.4 배추나 무 등의 김치 재료를 적정한 시간과 염도에 맞춰 절일 수 있다.
1301010111_14v2.2 김치 양념 배합하기	2.1 김치종류에 따른 양념 재료를 비율대로 혼합, 조절할 수 있다. 2.2 김치종류, 저장기간에 따라 양념의 비율을 조절할 수 있다. 2.3 양념을 용도에 맞게 활용할 수 있다.
1301010111_14v2.3 김치 담그기	3.1 김치의 특성에 맞도록 주재료에 부재료와 양념의 비율을 조절하여 소를 넣거나 버무릴 수 있다. 3.2 김치의 종류에 따라 국물의 양을 조절할 수 있다. 3.3 온도와 시간을 조절하여 숙성하여 보관할 수 있다.
1301010111_14v2.4 김치 담아 완성하기	4.1 김치의 종류에 따라 다양한 그릇을 선택할 수 있다. 4.2 적정한 온도를 유지하도록 담을 수 있다. 4.3 김치의 종류에 따라 조화롭게 담아낼 수 있다.

35분

보쌈김치

“개성의 향토음식으로 보김치라고도 한다.”

1 무, 배추는 나박 썰기(3cm×3cm×0.3cm 정도)하고, 배와 밤은 편 썰기, 미나리·갓·파·낙지는 길이(3cm 정도)로 썰고, 굴·마늘채·생강채와 함께 김치 속으로 사용하시오.

2 보쌈김치(높이 4cm, 지름 12cm 정도)는 재료를 쌌던 배춧잎의 끝을 바깥쪽으로 모양 있게 접어 넣어 내용물이 보이도록 하여 제출하시오.

3 석이버섯, 대추, 잣은 고명으로 사용한다.

4 보쌈김치가 절반 정도 잠기도록 국물을 만들어 부으시오.

재료

01 주재료

절인 배추 ························ 1/6포기
무 ·· 50g
밤 ··· 1개
배 ······································· 1/10개
실파 ······································ 1뿌리
마늘 ·· 2쪽
생강 ··· 5g
미나리 ···································· 30g
갓(적겨자 대체 가능) ·············· 20g
대추 ··· 1개
석이버섯 ··································· 5g
잣 ·· 5알
굴 ··· 20g
낙지다리 ·································· 50g
고춧가루 ·································· 20g
새우젓 ····································· 20g
소금 ··· 5g

만드는 방법

1 재료 준비하기 | 재료는 깨끗이 씻어서 준비한다.

2 석이버섯 불리기 | 따뜻한 물에 석이버섯을 불려둔다.

3 굴 손질 | 소금물에 해감하여 껍질 등 이물질을 제거한 후 깨끗이 씻어서 따로 담아 놓는다.

4 무 썰기 | 무는 3cm×3cm×0.3cm로 썰어 소금에 절인다.

5 배추 썰기 | 절인 배추는 깨끗이 씻어서 잎 부분은 25cm 정도를 보자기용으로 자르고 윗 줄기 부분은 3cm×3cm×0.3cm 길이로 자른다.

6 고춧가루 색내기 | 배추와 무는 고춧가루를 넣고 색을 들인다.

7 배 썰기 | 배는 무와 같은 크기로 썬다.

8 갓 썰기 | 미나리, 갓, 실파는 3cm 길이로 썬다.

9 낙지 자르기 및 재료 손질 | 낙지는 소금으로 비벼 씻어 3cm로 자른다(굵은 쪽은 채썬다). 밤은 납작하게 편으로 썰고, 대추는 씨를 제거하고 마늘, 생강과 함께 채썬다.

10 고명 썰기 | 석이버섯은 이끼를 제거하고 손질하여 채썰고, 잣은 고깔을 떼어 놓는다.

11 보쌈소 만들기 | 고춧가루에 마늘, 생강, 새우젓, 소금을 넣어 양념을 만들고 무, 배추를 넣어 버무려 나머지 재료를 모두 넣어 버무린다.

12 담아 완성하기(보쌈 만들기) | 작은 그릇에 배추의 잎 부분을 겹쳐서 보쌈을 쌀 주머니를 만든다. 보쌈 주머니에 소를 넣고 주머니 끝을 밖으로 접어 안으로 아물려 놓는다.

13 고명 및 국물 넣기 | 석이버섯, 잣, 대추 고명을 올리고 남은 소에 물과 소금을 넣어 간한 국물을 반 정도 잠기게 넣는다.

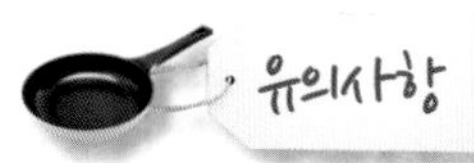

1 내용물의 배합비율이 적절하게 되도록 하시오.
2 김치를 버무리는 순서와 양념의 분량에 유의하시오.

TiP!

- 고춧가루를 새우젓으로 미리 불려 버무리면 김치 양념의 색이 곱다.
- 배를 설탕물에 담그면 오작처리 된다(설탕은 재료에 없음).

20분

오이소박이

“오이 안쪽이 십자모양이 되도록 칼집을 넣은 후 그 안에 소를 넣고 익힌 김치이다.”

1 소박이 완성품의 길이는 6cm 정도로 하시오(단, 지급된 재료의 크기에 따라 가감한다).
2 소를 만들 때 부추의 길이는 0.5cm로 하시오.
3 오이소박이 3개를 제출하시오.

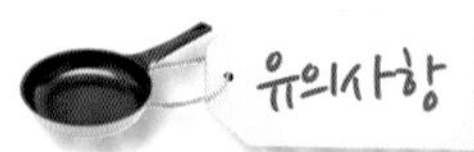

1 오이에 3~4 갈래로 칼집을 넣을 때 양쪽이 잘라지지 않도록 한다(양쪽이 약 1cm씩 남도록).
2 절여진 오이의 간과 소의 간을 잘 맞춘다.
3 그릇에 묻은 양념을 이용하여 김칫국을 만들어 소박이 위에 붓는다.

재료

01 주재료

오이 ······ 1개
부추 ······ 20g
대파(4cm) ······ 1토막
마늘 ······ 1쪽
생강 ······ 5g
소금 ······ 15g
고춧가루 ······ 10g

02 소 양념

고춧가루 ······ 1큰술
물 ······ 1큰술
다진 파 ······ 약간
다진 마늘 ······ 약간
생강 ······ 약간
소금 ······ 약간

만드는 방법

1 **재료 준비하기** | 재료는 깨끗이 씻어서 준비한다. 부추는 이물질을 제거하여 씻어 놓고 오이는 소금으로 비벼 씻는다.

2 **오이 썰기** | 오이는 6cm 길이로 잘라 양끝을 1cm씩 남기고 열십(+)자 칼집을 넣어준다.

3 **오이 절이기** | 오이는 15분 정도 소금물에 절인다.

절임법의 예

- 이쑤시개 끼우고 절이기
- 미지근한 물에 절이기
- 비닐봉지에 넣어 절이기

4 **부추 썰기** | 부추는 0.5cm 길이로 썰어 준다. 파, 마늘, 생강은 곱게 다진다.

5 **소 만들기** | 고춧가루에 다진 파, 마늘, 생강, 소금, 물을 넣고 고루 섞어 양념하여 부추를 넣고 소를 만든다.

6 **물기 제거** | 오이가 절여지면 행주로 물기를 제거한다.

7 **소 넣기** | 절인 오이의 칼집 사이에 다른 부위에 묻지 않게 조심해서 소를 고루 채워 넣는다.

8 **담아 완성하기** | 소박이를 보기 좋게 담고 소를 버무린 그릇에 1큰술 정도의 물을 넣어 양념을 씻어 소박이 위에 부어낸다.

TiP!

- 고춧가루 1큰술에 물 1큰술 정도를 넣고 고춧가루를 불려서 오이소를 만들어 양념하면 젓가락으로 오이 속을 채우기가 좋다.
- 오이는 미지근한 물에 충분히 절이고 자주 뒤집어 주어야 잘 절여지고 소를 넣을 때 끝이 갈라지지 않는다.

<김치 조리작업 상황에서 고려사항>

- 김치는 10% 소금물에서 7~8시간 절인다.
- 김치는 실온(18~20℃)에서 2일간 두었다가 냉장온도(3~4℃)에 숙성시킨다.
- 김치 담그기의 전 처리란 다듬기, 씻기, 절이기를 말한다.

-제11과-

음청류 조리

NCS 분류번호 1301010112_14v2

음청류 조리란 후식 또는 기호성 식품으로서 향약재, 과일, 열매, 꽃, 잎, 곡물 등으로 화채, 식혜, 수정과, 숙수, 수단, 갈수 등을 조리할 수 있는 능력이다.

능력단위요소	수행준거
1301010112_14v2.1 음청류 재료 준비하기	1.1 조리에 사용하는 재료를 필요량에 맞게 계량할 수 있다. 1.2 음청류의 종류에 맞추어 재료를 준비할 수 있다. 1.3 재료에 따라 요구되는 전 처리를 수행할 수 있다.
1301010112_14v2.2 음청류 조리하기	2.1 음청류의 주재료와 부재료를 배합할 수 있다. 2.2 음청류 종류에 따라 끓이거나 우려낼 수 있다. 2.3 음청류에 띄울 과일, 꽃, 보리, 떡수단, 원소병 재료 등을 조리법대로 준비할 수 있다. 2.4 끓이거나 우려낸 국물에 당도를 맞출 수 있다. 2.5 음청류의 종류에 따라 냉, 온으로 보관할 수 있다.
1301010112_14v2.3 음청류 담아 완성하기	3.1 음청류의 그릇을 선택할 수 있다. 3.2 그릇에 준비한 재료와 국물을 비율에 맞게 담을 수 있다. 3.3 음청류에 따라 고명을 사용할 수 있다.

30분

배숙

"배에 통후추를 박아서 생강 물에 꿀이나 황설탕을 첨가하여 끓인 음료로, 배 수정과라고도 하며 작은 배를 통째로 가운데를 파서 꿀을 담고 후추를 박아서 끓이는 향설고와 비슷하다."

1 배의 모양과 크기는 일정하게 하고 3쪽 이상을 만들어 등 쪽에 통후추를 일정하게 박는다(단, 지급된 배의 크기에 따라 완성품을 적당한 모양으로 만든다).
2 국물은 생강과 설탕의 맛이 나도록 하고, 양은 200mL 정도로 한다.
3 배가 국물에 떠 있는 농도로 한다.
※ 요구사항에 mL수가 제시된 경우 내는 양에 주의한다.

재료

01 주재료

배(150g) ········ 1/4개
통후추 ········ 15개
생강 ········ 30g
황설탕 ········ 30g
잣 ········ 3개
백설탕 ········ 20g

만드는 방법

1 재료 준비하기 | 재료는 깨끗이 씻어서 준비한다.

2 생강 썰기 | 껍질을 벗겨 얇게 저며 썬다.

3 생강 끓이기 | 물 3컵 정도에 손질한 생강을 넣고 10분 정도 끓인다.

4 배 썰기 | 배는 껍질을 벗기고 아래 위를 잘라내고 3등분하여 석세포는 반듯하게 제거한 후 모서리를 다듬는다.

5 후추 박기 | 다듬은 배의 등 쪽에 나무젓가락으로 통후추를 3개씩 깊숙이 박는다.

6 생강물 거르기 | 끓인 생강물을 체에 걸러 냄비에 담는다.

7 끓이기 | 황설탕으로 색을 맞추고 배가 뜰 정도로 백설탕을 넣어 당도를 맞춘다. 냄비에 넣은 배가 투명해질 때까지 서서히 끓인다.

8 식히기 | 설탕물과 배를 따로 분리하여 식혀준다.

9 잣 손질 | 잣은 고깔을 제거한다.

10 담아 완성하기 | 배가 투명하게 익으면 식혀서 그릇에 담고, 고깔을 뗀 잣을 띄운다.

1 배숙의 모양과 크기를 일정하게 만들고 알맞게 익히도록 한다.

TiP!

- 배숙은 배가 뜰 정도의 당도가 알맞은 것이다.
- 통후추는 표면에서 3mm 정도 들어가야 빠지지 않는다.
- 석세포 자를 때 조금 많이 잘라야 후추가 보이게끔 담아진다.
- 일정한 간격으로 가운데를 중심으로 잘라야 같은 모양으로 자를 수 있다.

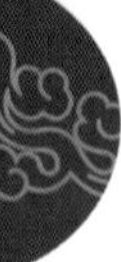

<음청류 조리작업 상황에서 고려사항>

- 음청류의 전 처리란 다듬고 흐르는 물에 깨끗하게 씻는 과정을 말한다.
- 음청류 조리 능력단위는 다음 범위가 포함된다.
  - 음청류: 배숙, 수정과, 식혜, 오미자화채, 배화채, 유자화채, 진달래화채, 딸기화채, 원소병, 보리수단, 떡수단, 포도갈수, 제호탕, 봉수탕, 오과차 등
- 차: 찻잎, 열매, 과육, 곡류 등을 말려 두었다가 물에 끓여 마시거나 뜨거운 물에 우려 마시는 감로차, 결명자차, 생강차, 계피차, 구기자차, 대추차, 두충차, 모과차, 유자차, 인삼차, 꿀차 등이 있다.
- 탕: 향약재를 달여 만들거나, 향약재나 견과류 등의 재료를 곱게 다지거나 갈아 꿀에 재워두었다가 물에 타서 마시는 것으로 오매·사인·백단향·초과 등을 곱게 가루를 내어 꿀에 버무려 끓여 두었다가 냉수에 타서 마시는 제호탕, 잣과 호두를 곱게 다져 필요할 때 끓는 물에 타서 마시는 봉수탕 등과 생맥산 쌍화탕, 회향탕, 자소탕 등이 있다.
- 화채: 오미자즙, 꿀물 등에 과일이나 꽃잎 등을 띄운 것으로 진달래화채, 배화채, 유자화채, 앵두화채, 귤화채, 장미화채, 딸기화채, 복숭아화채, 수박화채, 배숙 등이 있다.
- 식혜: 밥알을 엿기름에 삭혀서 만들며 감주, 식혜, 안동식혜, 연엽식혜 등이 있다.
- 수정과: 생강과 계피, 설탕을 넣어 끓인 물에 곶감을 담가 먹는 수정과와 가련수정과, 잡과수정과 등이 있다.
- 수단: 가래떡을 가늘고 짧게 잘라 꿀물에 띄운 떡수단, 햇보리를 삶아 오미자 꿀물에 띄운 보리수단, 찹쌀가루를 여러 가지 색을 들여 익반죽하여 소를 넣고 동그랗게 빚어 삶아서 꿀물에 띄운 원소병 등이 있다.
- 갈수: 과일즙을 농축하여 한약재 가루를 섞거나 한약재와 곡물, 누룩 등을 달여 만든 것으로 오미자즙에 녹두즙과 꿀을 넣고 달여서 차게 먹는 오미갈수 외에 모과갈수, 임금갈수, 어방갈수, 포도갈수 등이 있다.
- 숙수: 꽃이나 열매 등을 끓인 물에 담가 우려낸 음료로 밤 속껍질을 곱게 갈거나 물에 넣어 끓인 후 체에 걸러 마시는 율추숙수, 자소잎을 살짝 볶아 물에 달여 마시는 자소숙수와 향화숙수, 정향숙수 등이 있다.

-제12과-

한과 조리

NCS 분류번호 1301010113_14v2

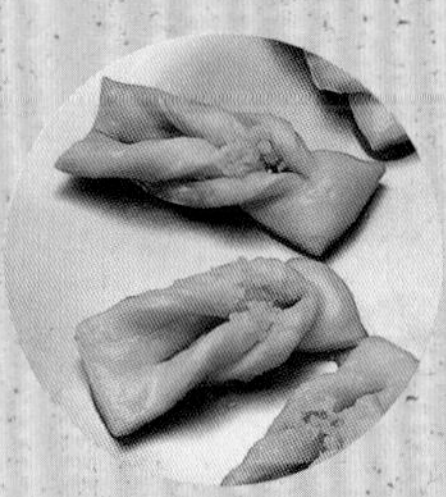

한과 조리란 유밀과, 유과, 정과, 숙실과, 강정 등을 곡물에 꿀, 엿, 설탕 등을 넣어 반죽하여 기름에 지지거나 또는 과일, 열매 등을 조려서 만들 수 있는 조리 능력이다.

능력단위요소	수행준거
1301010113_14v2.1 한과 재료 준비하기	1.1 한과에 사용하는 재료를 필요량에 맞게 계량할 수 있다. 1.2 한과의 종류에 맞추어 도구와 재료를 준비할 수 있다. 1.3 재료에 따라 요구되는 전 처리를 수행할 수 있다.
1301010113_14v2.2 한과 재료 배합하기	2.1 쌀가루나 밀가루에 원하는 색이 나오도록 발색 재료를 첨가, 조절할 수 있다. 2.2 주재료와 부재료를 배합할 수 있다. 2.3 배합한 재료를 용도에 맞게 활용할 수 있다.
1301010113_14v2.3 한과 만들기	3.1 한과제조에 필요한 재료를 반죽할 수 있다. 3.2 한과의 종류에 따라 모양을 만들 수 있다. 3.3 한과의 종류에 따라 조리방법을 달리하여 조리할 수 있다. 3.4 꿀이나 설탕시럽에 담가둔 후 꺼내거나 끼얹을 수 있다. 3.5 고명을 사용하여 장식할 수 있다.
1301010113_14v2.4 한과 담아 완성하기	4.1 한과 담을 그릇을 선택할 수 있다. 4.2 색과 모양의 조화를 맞춰 담아낼 수 있다. 4.3 한과 종류에 따라 보관과 저장을 할 수 있다.

30분

매작과

“밀가루에 생강즙을 넣고 반죽하여 얇게 밀어 내 천(川)자로 칼집을 넣어 칼집 사이로 뒤집어 꼬인 모양으로 만들어 기름에 튀겨낸 후 꿀에 집청한 유밀과에 속하는 과자로 일명 타래과 또는 매엽과 라고도 한다.”

요구사항

1. 매작과 완성품의 크기가 균일하게 2cm×5cm×0.3cm 정도로 만드시오.
2. 매작과 모양은 중앙에 세 군데 칼집을 넣으시오.
3. 시럽을 사용하고 잣가루를 뿌려 10개를 제출하시오.

유의사항

1. 밀가루 반죽 상태에 유의한다.
2. 매작과를 튀길 때 기름온도에 유의한다.

재료

01 주재료

밀가루 ······ 50g
소금 ······ 5g
생강 ······ 10g
잣 ······ 5개
식용유 ······ 300mL
A4 용지 ······ 1장
백설탕 ······ 40g

02 시럽

물 ······ 5큰술
설탕 ······ 5큰술

만드는 방법

1. **재료 준비하기** | 재료는 깨끗이 씻어서 준비한다.
2. **시럽 만들기** | 물과 설탕을 동량으로 넣어 반으로 졸인다.
3. **생강즙 만들기** | 강판에 갈아 즙을 짠다.
4. **반죽하기** | 밀가루를 체에 친 다음 덧가루는 조금 남기고 소금, 생강즙, 물과 함께 섞어 되직하게 반죽하여 젖은 면보나 비닐에 싸 놓는다.
5. **잣 다지기** | 잣은 고깔을 떼고 면보로 닦아서 종이 위에서 보슬보슬하게 다져놓는다.
6. **밀대로 밀기** | 매작과 반죽은 방망이로 밀어서 길이 5cm, 폭 2cm, 두께 0.3cm로 잘라 중심에 칼집을 내 천(川)자처럼 세군데 칼집을 넣어 가운데로 한번 뒤집는다.
7. **튀기기** | 기름온도가 120~130℃ 정도가 되면 매작과를 넣어 튀기면서 색이 나기 시작하면 불을 줄여 노릇노릇하게 튀겨낸다.
8. **시럽 묻히기** | 시럽을 데워 살짝 버무린다.
9. **담아 완성하기** | 매작과는 그릇에 담고, 잣가루를 뿌려낸다.

TiP!

- 생강즙은 강판에 갈아 면보에 짜는 방법과 생강을 곱게 다져 물에 섞어 즙을 내는 방법이 있다.
- 매작과는 낮은 온도에서 튀기면서 온도를 높여야 기포가 덜 생긴다.
- 색이 나기 시작하면 순식간에 색이 변하므로 불을 줄여야 한다.
- 반죽이 되직해야 모양이 잘 나온다.

20분

화전

"찹쌀가루를 익반죽하여 둥글게 빚어 기름에 지진 떡으로 봄에는 진달래꽃잎, 여름에는 장미꽃, 가을에는 황국, 감국잎, 겨울에는 대추와 쑥갓 등으로 장식해서 지져 낸다."

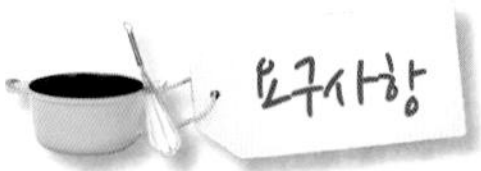

1 화전의 직경은 5cm, 두께는 0.4cm로 만드시오.
2 시럽을 사용하고 화전 5개를 제출하시오.

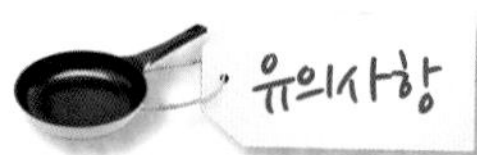

1 화전의 크기와 두께는 일정하게 한다.
2 꽃모양이 잘 붙어 있어야 한다.

재료

01 주재료

젖은 찹쌀가루 ······ 100g
소금 ······ 5g
대추(마른 것) ······ 1개
쑥갓 ······ 10g
백설탕 ······ 40g
식용유 ······ 10mL

02 시럽

물 ······ 5큰술
설탕 ······ 5큰술

만드는 방법

1. **재료 준비하기** | 재료는 깨끗이 씻어서 준비하고 대추는 살짝 씻어 물기를 닦아놓는다.
2. **쑥갓 준비하기** | 찬물에 담가 놓는다.
3. **시럽 만들기** | 물과 설탕을 동량으로 넣어 약한 불에 서서히 끓여 반 정도로 졸인다.
4. **찹쌀가루 체치기** | 찹쌀가루를 비벼가며 체로 쳐서 내려준다.
5. **대추 썰기** | 대추는 돌려깎기 하여 씨를 제거한 후 2/3는 채썰고 남은 것은 돌돌 말아 둥글게 썰어 준비한다.
6. **쑥갓 잎 따기** | 쑥갓의 작은 잎을 떼어 찬물에 담근다.
7. **익반죽 하기** | 냄비에 물을 먼저 끓여 찹쌀가루를 익반죽 한다(물은 1~3 작은술 정도로 넣어가면서 조절한다).
8. **모양 만들기** | 반죽을 길게 막대모양으로 만들고 3cm 정도 크기로 떼어 손으로 굴려 손바닥 중앙에 놓고 굴려서 지름 5cm, 두께 0.4cm로 만들어준 다음 바로 팬에 올려 모양을 잡아준다.
9. **지지기** | 약한 불에서 천천히 한쪽이 완전히 익을 때까지 지져 준다. 뒤집어서 불을 끄고 대추와 쑥갓을 붙여 한 면을 마저 익힌다.
10. **담아 완성하기** | 그릇에 화전을 놓고 시럽을 끼얹어 낸다.

TiP!

- 설탕시럽은 끓이는 도중에는 젓지 않는다.
- 화전을 지질 때는 약한 불에서 색깔이 나오지 않도록 투명하게 지진다.
- 반죽을 시작해서 지지기까지 완료해야 갈라지지 않는다.

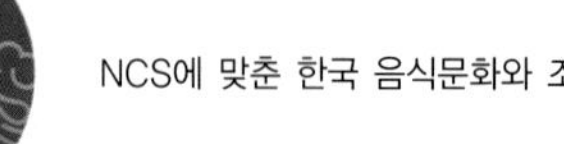

<한과 조리작업 상황에서 고려사항>

- 한과의 전 처리란 다듬기, 씻기, 불리기, 수분제거를 말한다.
- 유과: 찹쌀가루를 반죽하여 썰어 건조시켰다가 기름에 튀긴 후 고물(깨, 흑임자, 잣, 튀밥)을 묻힌 과자이다.
- 숙실과: 밤, 대추 등을 익혀서 꿀이나 설탕에 조린 밤초, 대추초와 과일의 열매에서 씨를 빼고 무르게 삶아 꿀이나 설탕에 조려 다시 원래 과일 모양이나, 다른 모양으로 빚어서 계핏가루나 잣가루를 묻힌 율란, 조란, 생란 등의 과자이다.
- 과편: 과일과 전분, 설탕 등을 조려서 묵처럼 엉기게 하여 만든 과자이다. 과일로는 살구나 모과, 앵두, 귤, 버찌, 오미자 등을 쓴다. 대개는 질감이 부드럽고 단맛을 낸다.
- 엿강정: 견과류나 곡물을 튀기거나 볶아서 물엿으로 버무려 만든 과자이다.
- 정과: 과일이나 생강, 연근, 인삼, 당근, 도라지 따위를 꿀이나 설탕에 재거나 조려 만든 과자이다.
- 유밀과: 밀가루나 찹쌀가루를 반죽하여 과줄판에 찍어 내거나 일정한 모양으로 빚어 기름에 튀겨 낸 다음 꿀이나 조청을 듬뿍 먹이거나 바른다. 매작과, 약과, 다식과, 타래과 등의 과자이다.

-제13과-

장아찌 조리

NCS 분류번호 1301010114_14v2

장아찌 조리란 오이, 무, 마늘 따위의 채소를 간장이나 소금물에 담가 놓거나 된장, 고추장에 박았다가 조금씩 꺼내 양념하여 오래 두고 먹도록 조리하는 능력이다.

능력단위요소	수행준거
1301010114_14v2.1 장아찌 재료 준비하기	1.1 조리에 사용하는 재료를 필요량에 맞게 계량할 수 있다. 1.2 장아찌의 종류에 맞추어 도구와 재료를 준비할 수 있다. 1.3 재료에 따라 요구되는 전 처리를 수행할 수 있다.
1301010114_14v2.2 장아찌 양념 배합하기	2.1 장아찌를 만들기 위한 장류를 배합, 조절할 수 있다. 2.2 장아찌 종류에 따라 양념장을 끓일 수 있다. 2.3 만든 양념장을 용도에 맞게 활용할 수 있다.
1301010114_14v2.3 장아찌 조리하기	3.1 장아찌 종류에 따라 주재료를 적정한 시간과 염도를 맞추어 미리 절일 수 있다. 3.2 장아찌의 종류에 따라 재료에 양념장을 사용하여 첨가할 수 있다. 3.3 적정한 온도와 시간을 조절하여 숙성, 보관할 수 있다.
1301010114_14v2.4 장아찌 담아 완성하기	4.1 장아찌의 종류에 따라 다양한 그릇을 선택할 수 있다. 4.2 장아찌와 국물의 비율을 맞춰 담아낼 수 있다. 4.3 장아찌 종류에 따라 썰어서 양념을 할 수 있다. 4.4 장아찌의 종류에 따라 고명을 활용할 수 있다.

25분

무숙장아찌

"무숙장아찌는 익혀서 만든 장아찌라 하여 숙장과, 즉석에서 만들어 먹는다고 해서 갑장과라고 한다."

1 무를 0.6cm×0.6cm×5cm 크기로 썰어서 무숙장 아찌를 만드시오.

2 소고기는 0.3cm×0.3cm×4cm로 채써시오.

3 미나리는 4cm 길이로 써시오.

4 완성품은 80g 이상 제출하시오.

※ 요구사항에 g수가 제시된 경우 내는 양에 주의하세요.

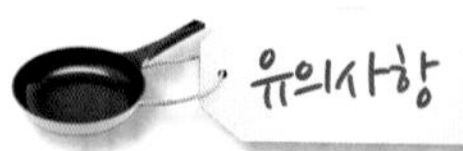

1 무의 크기는 일정하게 썬다.

2 조리된 무의 색깔이 지나치게 검게 되지 않도록 주의한다.

재료

01 주재료

- 무 ··· 100g
- 미나리(줄기부분) ··· 20g
- 대파(4cm) ··· 1토막
- 마늘 ··· 1쪽
- 소고기 ··· 30g
- 식용유 ··· 30mL
- 진간장 ··· 50mL
- 깨소금 ··· 5g
- 참기름 ··· 5mL
- 백설탕 ··· 5g
- 검은 후춧가루 ··· 1g
- 실고추 ··· 1g

02 고기 양념

- 간장 ··· 1/2작은술
- 설탕 ··· 약간
- 다진 파 ··· 약간
- 다진 마늘 ··· 약간
- 깨소금 ··· 약간
- 참기름 ··· 약간

만드는 방법

1 **재료 준비하기** | 재료는 깨끗이 씻어서 준비한다.

2 **무 썰기** | 무는 0.6cm×0.6cm×5cm로 썬다.

3 **무 절이기** | 무를 간장에 넣고 중간에 뒤집어 주며 절인다.

4 **미나리 썰기** | 미나리는 뿌리와 잎은 따고 줄기만 4cm 길이로 썬다.

5 **소고기 썰기** | 0.3cm×0.3cm×4cm로 채썰어 놓는다.

6 **양념장 만들기** | 파·마늘을 곱게 다져 간장 1/2작은술, 설탕, 다진 파·마늘, 깨소금·참기름 약간 넣고 만든다.

7 **소고기 양념** | 고기는 양념장을 조금만 덜어서 양념한다. 실고추는 2cm 길이로 자른다. 간장에 절인 무에 곱게 물이 들면 건져서 물기를 짜고 남은 간장을 졸인다.

8 **간장 식히기** | 간장을 식힌다.

9 **절이기** | 다시 간장을 넣고 절인다.

10 **익히기** | 고기를 먼저 볶고 무를 넣고 바로 불을 끈다.

11 **무치기** | 팬에서 실고추 넣고 깨소금, 참기름을 넣고 무쳐둔다.

12 **담아 완성하기** | 살짝 식혀 그릇에 담는다.

TiP!

- 무의 크기는 일정하게 썰고 간장 물은 끓여 식혀서 재우면 무에 물이 빨리 든다.
- 무의 색이 검게 되지 않도록 중간에 절인 무의 물기를 짠다.
- 무숙장아찌는 무를 나무막대모양으로 썰어 간장에 절여 버섯과 소고기 등의 재료와 함께 기름에 볶은 장아찌이다.

25분

오이숙장아찌

"소고기, 표고버섯과 함께 볶아 아삭한 맛을 주는 숙장과로 오이갑장과라고도 한다."

1 오이는 0.5cm×0.5cm×5cm가 되게 하시오.

2 소고기는 0.3cm×0.3cm×4cm로 채 써시오.

3 표고버섯은 0.3cm×4cm로 써시오(단, 지급된 재료의 크기에 따라 가감한다).

4 완성품은 50g 이상 제출하시오.

※요구사항에 g수가 제시된 경우 내는 양에 주의하세요.

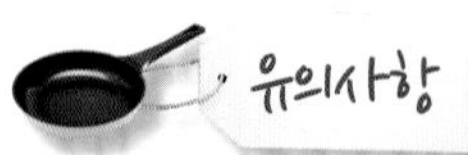

1 오이와 소고기, 표고버섯은 각각 따로 조리하여 함께 무치는 방법으로 만든다.

2 조리된 오이의 색깔에 유의하며 무쳐진 상태가 깨끗하게 되도록 한다.

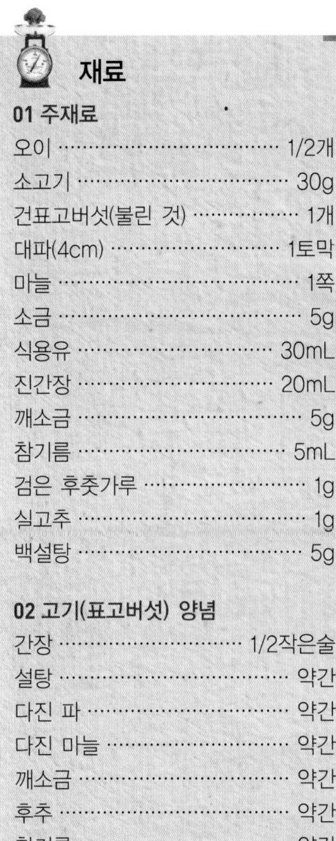

재료

01 주재료

오이 ······ 1/2개
소고기 ······ 30g
건표고버섯(불린 것) ······ 1개
대파(4cm) ······ 1토막
마늘 ······ 1쪽
소금 ······ 5g
식용유 ······ 30mL
진간장 ······ 20mL
깨소금 ······ 5g
참기름 ······ 5mL
검은 후춧가루 ······ 1g
실고추 ······ 1g
백설탕 ······ 5g

02 고기(표고버섯) 양념

간장 ······ 1/2작은술
설탕 ······ 약간
다진 파 ······ 약간
다진 마늘 ······ 약간
깨소금 ······ 약간
후추 ······ 약간
참기름 ······ 약간

만드는 방법

1 재료 준비하기 | 재료는 깨끗이 씻어서 준비한다.

2 표고버섯 불리기 | 따뜻한 물에 표고버섯을 불린다.

3 오이 자르기 | 오이는 소금으로 문질러 씻은 후 5cm×0.5cm×0.5cm 정도의 나무젓가락 모양으로 썰어 소금물에 절인다.

4 양념장 만들기 | 파·마늘을 곱게 다져 간장 1/2작은술, 설탕, 다진 파·마늘, 깨소금·후추·참기름 약간 넣고 양념장을 만든다. 소고기는 길이 4cm, 두께와 폭은 0.3cm로 썰어 양념한다. 불린 표고버섯은 기둥을 떼고 두꺼우면 얇게 저며 채썰어 양념한다.

5 볶기 | 절인 오이는 물기를 제거한 후 달군 팬에 기름을 두르고 파랗게 볶아서 헤쳐 놓는다. 고기와 표고버섯도 볶아서 각각 담아 놓는다.

6 무치기 | 실고추, 깨소금, 참기름을 넣어 무쳐 놓는다.

7 담아 완성하기 | 그릇에 담고 실고추를 올려 마무리 한다.

- 오이를 가장 빠르게 자를 수 있는 방법은 껍질 쪽을 0.5cm 두께로 자르고서 써는 것이 가장 빠르다.
- 오이는 강한 불에서 살짝 볶아야 색깔이 곱고 아삭거린다.

20분

북어보푸라기

"북어포를 보푸라기를 내어 만든 마른 반찬으로 주로 죽상에 어울린다."

1 북어 보푸라기는 소금, 간장, 고춧가루로 양념하시오(단, 고추기름은 사용하지 마시오).
2 북어 보푸라기는 삼색의 구분이 뚜렷하게 하시오.

1 보푸라기 상태는 일정하도록 한다.
2 완성품은 양념으로 인하여 질지 않도록 유의한다.

재료

01 주재료

북어포 ······ 1마리
소금 ······ 5g
백설탕 ······ 10g
고춧가루(고운 것) ······ 10g
깨소금 ······ 5g
참기름 ······ 15mL
진간장 ······ 5mL

만드는 방법

1 재료 준비하기 | 재료는 깨끗이 씻어서 준비하고 북어의 먼지를 털어준다.

2 북어 손질하기 | 북어포는 머리를 떼어내고 방망이로 자근자근 두들겨 부드럽게 해 준 후 뼈와 가시를 제거하고 껍질을 제거한다.

3 북어 보푸라기 만들기 | 북어를 잡고 강판에 갈아 손으로 비벼서 부드럽게 만들어주다.

4 보푸라기 나눠서 무치기 | 보푸라기를 접시에 담아 3등분한다. 셋으로 나눈 보푸라기는 각각 양념하여 삼색을 뚜렷하게 한다.

- **흰색 양념:** 소금, 설탕, 참기름, 깨소금
- **간장 양념:** 간장, 설탕, 참기름, 깨소금
- **붉은색 양념:** 소금, 설탕, 고춧가루, 참기름, 깨소금

고춧가루는 고운 체에 내려 준비한다. 각각 양념을 넣어 비벼서 보슬보슬하게 무친다.

5 담아 완성하기 | 삼색의 북어무침을 각각 둥글게 만들어 준 후, 한 접시에 담고 숟가락 안쪽으로 모양을 정리하여 매끈하게 만든다.

TiP!

- 간장 양념의 양을 조금 많게 해야 보푸라기 양이 일정하다.
- 북어포가 너무 말랐을 때는 젖은 면보에 잠시 싸둔 뒤 강판에 간다.
- 참기름을 조금 더 넣으면 고춧가루의 색이 더 잘 난다.

<장아찌 조리작업 상황에서 고려사항>

- 장아찌란 제철에 흔한 채소를 간장, 고추장, 된장 등에 넣어 장기간 저장하는 식품을 말한다.
- 갑장과는 오이나 무를 사용하여 만든 즉시 먹을 수 있도록 간장으로 만든 장아찌를 말한다.
- 매실 장아찌는 청매실을 사용하고 소금물(10% 정도)에 절여서 물기를 제거한 후 씨를 빼고 설탕에 재워 만든 장아찌다.
- 된장이나 고추장에 박아두는 장아찌류는 물기를 제거하고 담는다.
- 늦가을에 채취하는 들깻잎이나 고춧잎 등의 강한 향은 약한 소금물에 담가 우려내고 물기를 제거하고 담아야 한다.
- 간장물에 담는 장아찌류는 간장을 끓여서 식혀 부어주는 과정을 3~4번 정도 해줘야 오랫동안 저장하여 먹을 수 있다.
- 계절별 장아찌

봄 장아찌

마늘종은 매운맛이 있어 생으로는 잘 먹지 않고, 간장 장아찌나 식초 장아찌, 고추장 장아찌로 담가 먹는다. 더덕과 도라지는 꾸덕꾸덕 말린 뒤 된장이나 고추장에 넣어야 물이 생기지 않는다. 죽순은 간장에 절여 장아찌로 담가 두었다가 먹는데, 짭조름하면서 아삭한 맛으로 입맛을 돋운다.

여름 장아찌

깻잎이나 참외, 오이, 가지, 호박 등이 적당하다. 깻잎은 향이 너무 센 것은 간장이나 된장에 넣어 잎을 연하게 삭힌 뒤 먹는다. 오이간장 장아찌나 애호박된장 장아찌는 입맛 없는 여름철, 물 말은 밥에 잘 어울린다. 양파 장아찌는 피클처럼 상큼한 맛이 일품이라 고기요리에 잘 어울린다. 참외는 소금에 절이거나 된장에 박아 짭조름한 장아찌로 만든다. 수박은 단단한 껍질을 도려내고, 말려 장에 넣어 한참을 두었다가 먹는다.

가을 장아찌

콩잎이나 매운 풋고추 등 주로 잎이 억세지는 채소로 담그며 소금물에 넣고 연하게 만든 뒤 다시 장에 담는다. 된장, 고추장, 간장에 삭히게 되면 채소의 결이 연해진다. 감 장아찌는 된장이나 고추장에 박아 두었다가 먹는데 담백한 맛이 일품이다. 가을철 햇 생강을 소금, 식초물에 절인 생강 초절이는 생선요리에 곁들이면 잘 어울린다. 주로 묵은 장을 장아찌용으로 쓴다.

겨울 장아찌

무와 배추로 담그는 장아찌로 김장할 때 넉넉하게 만들어 봄에 장아찌를 담기도 한다. 늦가을에 볕에 말린 무로 김장 담그듯이 장아찌를 담가 먹는 골곰짠지가 있다.

참고문헌

- 3대가 쓴 한국의 전통음식, 황혜성. 한복려. 한복진. 정라나, (주)교문사, 2014
- 아름다운 한국음식 300선, (사)한국전통음식연구소, 도서출판 질시루, 2015
- 조선왕조 궁중음식, 황혜성. 한복려. 정길자, (사)궁중음식연구원, 2011
- 칼질법과 한식조리기능사, 김태성. 이은주, 도서출판 엔플북스, 2016
- 한식조리와 상차림, 김수인. 이양수. 박연진. 이영순, 도서출판 효일, 2008
- 한식조리기능사, 배은자. 천덕상. 김아현. 안응자, 시대고시기획, 2015
- 한식조리기능사 한권에 OK, 경영일. 양성진, 백산출판사, 2015
- www.ncs.go.kr

저자소개

박연진

- 조선대학교 식품영양학과 이학박사
- 전남도립대학교 호텔조리제빵과 초빙교수
- 푸드코디네이트 1급 자격증 심사위원
- 컬리너리투어리즘협회 및 식공간학회 이사
- 담양군 어린이 급식관리지원센터 센터장
- 한국음식관광 박람회
  - 한국전통음식, 음청류 부문 농림수산식품부 장관상 및 금상
  - 반가음식 부문 국무총리상 및 금상
  - 남·북반가음식부문 민주평화통일 자문위원회상 및 금상
- 서울카페쇼테이블 특별전 대외협력상
- 제1회 전문대학 한식드림경연대회 동상(지도교수)
- 제2회 전문대학 한식드림경연대회 동상(지도교수)
- 궁중음식연구원 궁중음식 및 한식고수과정 수료
- 궁중병과연구원 궁중병과 및 한과전문과 과정 수료
- 일본 히가시키요미 테이블 세팅 & 푸드 스타일링 연수
- 프랑스 르꼬르동 블루, 이태리 ICIF, 일본 성심조리학교, 싱가폴 BITC, 중국 푸동 국제요리학교 연수

NCS에 맞춘

한국 음식문화와 조리

발 행 일	2016년 7월 22일 초판 인쇄 2016년 7월 29일 초판 발행
지 은 이	박연진
발 행 인	김홍용
펴 낸 곳	도서출판 **효일**
디 자 인	에스디엠
주 소	서울시 동대문구 용두동 102-201
전 화	02) 460-9339
팩 스	02) 460-9340
홈페이지	www.hyoilbooks.com
Email	hyoilbooks@hyoilbooks.com
등 록	1987년 11월 18일 제6-0045호
정 가	20,000원
ISBN	978-89-8489-403-7